复合材料冲击动力学损伤模型及仿真分析

辛士红　唐瑞涛　徐浩　编著

北京
冶金工业出版社
2023

内 容 提 要

本书系统深入地研究和阐述了航空航天、国防军工领域常用纤维增强树脂基复合材料及陶瓷复合材料的冲击动力学性能，并对该两种不同类型材料相关材料本构模型理论、软件开发流程，做了详细、系统的介绍，对大量复合材料及结构相关冲击动力学工程实例进行了深入分析。

本书可供材料、机械、国防、航空航天等行业从事复合材料研究的硕士、博士研究生及其他相关领域科研或设计人员参考使用。

图书在版编目(CIP)数据

复合材料冲击动力学损伤模型及仿真分析／辛士红，唐瑞涛，徐浩编著．—北京：冶金工业出版社，2022.10（2023.11 重印）

ISBN 978-7-5024-9266-3

Ⅰ.①复…　Ⅱ.①辛…　②唐…　③徐…　Ⅲ.①复合材料—冲击动力学—计算机仿真　Ⅳ.①TB33-39

中国版本图书馆 CIP 数据核字(2022)第 169180 号

复合材料冲击动力学损伤模型及仿真分析

出版发行	冶金工业出版社	**电　　话**	(010)64027926
地　　址	北京市东城区嵩祝院北巷 39 号	**邮　　编**	100009
网　　址	www.mip1953.com	**电子信箱**	service@mip1953.com

责任编辑　于昕蕾　美术编辑　彭子赫　版式设计　郑小利

责任校对　石　静　责任印制　窦　唯

北京建宏印刷有限公司印刷

2022 年 10 月第 1 版，2023 年 11 月第 2 次印刷

710mm×1000mm　1/16；8.75 印张；169 千字；131 页

定价 56.00 元

投稿电话　(010)64027932　投稿信箱　tougao@cnmip.com.cn

营销中心电话　(010)64044283

冶金工业出版社天猫旗舰店　yjgycbs.tmall.com

（本书如有印装质量问题，本社营销中心负责退换）

前　言

复合材料是由两种或两种以上具有不同化学物理性质的材料复合而成的一种材料，因其高比强度、高比模量及可设计等优良特性，广泛应用于航空航天、船舶、建筑、兵器、化学、车辆、体育器械、医疗等领域，尤其当其应用于国防军工领域时，复合材料经常面临外来物体高速撞击的威胁，其抗冲击动力学性能成为该领域科研人员关注的焦点。复合材料种类繁多，按基体材料类型可划分为聚合物基复合材料、陶瓷基复合材料及金属基复合材料，同时单一复合材料靶板与其他材料（如金属、非金属等）靶板组合亦可构成特殊性能及用途的复合结构，本书选择纤维增强树脂基复合材料及陶瓷材料复合结构为对象，介绍不同复合材料及结构的冲击动力学性能。

本书结合航空航天、武器装备等国防军工领域复合材料的设计和应用需求，通过开展背景介绍、需求分析、研究方法、材料本构模型表征、冲击动力学仿真实例分析、复合结构的优化设计等环节，提出和发展了针对纤维增强树脂基复合材料及陶瓷材料较为完善的冲击动力学相关本构理论模型，同时，给出了相应复合材料结构工程应用实例，包含复合材料头盔、复合装甲等结构受弹丸侵彻过程中的动力学响应分析，为复合材料工程应用提供理论和仿真技术指导。

感谢中国科学技术大学短弹道靶课题组的文鹤鸣教授，本书相关内容在其指导下完成，他严谨的科研和学术作风，为课题组在复合材料冲击动力学理论和仿真方面的研究奠定了基础。感谢课题组的硕士和博士研究生们为本书研究内容的顺利完成给予的帮助，并参与了本书的文字、图片、资料的整理和校核工作。

复合材料种类繁多，材料性能复杂，涉及多个学科和领域，本书仅限于两种材料的冲击动力学性能研究，限于作者的知识范围和水平，书中难免存在不足之处，敬请广大读者批评指正。

辛士红
2022年6月

目　　录

第1篇　纤维增强树脂基复合材料

第2篇　陶瓷复合材料

第1篇

纤维增强树脂基复合材料

1 纤维增强树脂基复合材料研究介绍

1.1 研究背景

纤维增强树脂基复合材料，又被称为纤维增强塑料（fiber reinforced plastic composites，FRP），主要通过将纤维与基体经过高温高压手段复合固化而成。其中的纤维主要包括短切和连续两种形式，基体主要包括热固性基体和热塑性基体两大类基体材料。工程应用中常见纤维类型包括：玻璃纤维、碳纤维、芳纶纤维以及硼纤维等。工程应用中常见的环氧树脂、酚醛树脂、乙烯酯、不饱和聚酯树脂等树脂材料均属于热固性树脂材料，而如聚酰胺、聚碳酸酯、聚甲醛、聚乙烯等均属于热塑性树脂材料[1]。纤维增强复合材料的性能与其他普通金属材料相比具有明显的优势，主要表现为纤维增强复合材料（FRP）具有较高的比强度和比模量，较好的耐高温、耐腐蚀的特性，还具有能通过不同类型的材料以及铺层方式灵活地进行设计，从而满足工程应用的需要等特点，这些都使得FRP在航空航天、机械、建筑以及交通运输等国防和民用工程的各个领域占有重要地位，并得到越来越广泛的应用。特别是在现阶段的国防军工领域，如防弹衣、防弹头盔等防护设备以及复合装甲等都主要是由纤维复合材料通过层压工艺制作而成。为了使纤维增强复合材料结构在使用过程中能够更好地抵抗弹丸、碎片以及射流等的侵彻，保护人员与设备免受冲击产生的损伤与破坏，研究复合材料的抗冲击性能并设计出防护性能更好的材料与结构具有非常重要的意义。

纤维增强树脂基复合材料主要由增强项（纤维）与基体项两部分组成。纤维作为增强项材料起主要的承载作用，基体材料作为纤维的载体保持了纤维的方向并起传递应力的作用。这样复合而成的制造方式不仅保持了组分材料各自的优良性能，而且可以根据实际应用的需要通过选择材料和设计复合方式使组分材料某方面的性能得到改善或突出，从而达到更好的使用目的。不同的纤维或树脂材料拥有其各自的优势和不足，玻璃纤维强度高、伸长率大，但弹性模量低；碳纤维制造工艺较简单，密度比玻璃纤维小，模量比玻璃纤维高几倍；芳纶纤维拥有较低的密度，模量大小一般介于碳纤维与玻璃纤维之间[2]。热塑性树脂与热固性树脂相比，加热时易软化，易于重新改铸，而热固性树脂有较好的耐热性，一旦固化后就不易再被软化变形。纤维增强复合材料由于其组成材料以及结构的复杂性使其具有很强的各向异性，其材料性能不仅受到其组成成分（纤维、基体）

性能的影响，而且还会受到纤维含量以及铺层方式等其他因素的影响[3]。因此可以根据工程实际中承载的需要，选择合适的组成成分和含量，并将纤维合理地设计和铺设，从而达到设计要求并节约材料，使材料得到充分利用。纤维增强复合材料的破坏形式多种多样，具有良好的吸能特性，再加上其较好的耐高温、耐腐蚀等物理性能以及力学性能，由其制成的防弹头盔和防弹衣等防护装备，具有质量轻、防护性好、佩戴舒适和灵活性等优点，纤维增强复合材料在防弹领域得到了越来越广泛的应用。

近几十年来，FRP 层合板在横向冲击作用下的响应受到了研究人员的普遍关注。由于复合材料在应用过程中极容易受到外来物体（foreign objects）或碎片（fragments）低速或高速横向撞击，而 FRP 复合材料层合板抵抗横向载荷的能力相对比较弱。在横向冲击载荷作用下 FRP 层合板的损伤破坏以及吸能机制非常复杂，目前这方面的研究还存在诸多困难。纤维增强树脂基层合板的破坏与金属等其他均质材料不同，其损伤吸能模式非常复杂多样且发生在材料内部不容易被观察，其在弹道冲击条件下的损伤破坏形式主要表现为：基体开裂、纤维/基体分层、层间分层（delamination）和纤维拔出断裂等，各损伤形式之间相互关联、相互作用，其具体破坏模式的发生受到许多因素的影响，其中包括：层和板的组成材料及性能、弹丸的材料及性能、弹丸的撞击速度、靶板的铺层方式、靶板以及弹丸的形状和尺寸、边界条件等。在低速冲击条件下，基体开裂以及分层损伤起主要作用；但在高速冲击条件下，除了基体开裂以及分层损伤之外，还有纤维断裂以及其他形式的损伤发生。不同的损伤破坏形式导致纤维增强树脂基层合板强度和刚度不同程度地降低，研究其在弹道冲击条件下的损伤模式以及不同模式损伤的起始、扩展过程，了解影响靶板抗侵彻能力的因素，掌握靶板在弹丸侵彻过程中的响应规律，对评估纤维增强树脂基层合板的抗弹能力以及设计出更加轻质高效的复合材料是非常必要的。

1.2 国内外研究现状

近几十年来，对纤维增强复合材料在冲击条件下响应方面的研究引起了众多国内外学者越来越多的关注，并取得了丰硕的研究成果。研究内容主要包括实验研究、理论分析以及数值模拟研究三大部分。实验研究是指通过实验的方法对某一特定类型的复合材料进行相应的实验观察和分析，得到一定条件下适用的经验或半经验公式。理论分析是指在一定的简化与假设的基础上，把问题进行合理的假设与近似，针对需要解决的一类问题抓住问题的主要矛盾，建立适用于一定条件下的简化的分析模型。数值模拟研究是利用近几十年来高速发展的计算机技术和有限元软件，实时仿真模拟弹靶响应的整个过程，得到靶板破坏的详细信息并用于指导人们的分析、设计和评估。本章主要从纤维增强复合材料数值模拟方面的工作进行总结概括。

数值模拟方法是指借助于专业的有限元软件，针对研究的需要通过对不同情况下实例的建模、分析和后处理，将侵彻过程进行模拟，帮助人们了解材料在整个响应过程中的损伤破坏形式，理解和掌握其损伤破坏机理，从而预测靶板在其他条件下的响应，为人们设计新材料以及结构提供评估和指导。近几十年来，随着高速发展的计算机技术和计算技术的发展以及人们对复合材料损伤破坏机理的进一步了解，数值模拟方法得到了越来越广泛的应用。大型的商业有限元软件，如 ABAQUS、LS-DYNA 等，受到了科研人员的青睐。ABAQUS 不仅能进行有效的准静态分析、碰撞和冲击分析、爆炸分析，还能进行流固耦合分析、热固耦合分析等耦合场分析[4]，针对软件的局限性还设置了用户自定义接口，从而用户可以将自己编译的自定义子程序嵌入 ABAQUS 中以满足他们特殊的应用需求。在数值模拟中，材料本构模型的选取占据了至关重要的位置，直接影响着整个结构的响应预测的可靠性和精确度。目前通过数值模拟研究复合材料结构损伤的方法主要分为失效准则（failure criteria）、断裂力学（fracture mechanics）、塑性力学（plasticity）以及损伤力学（damage mechanics）四大类[5]。国内外学者提出了多种形式的失效准则，其中包括利用一个方程将所有可能发生的损伤模式考虑其中，如 Tsai-Hill 失效准则、Tsai-Wu 失效准则等；还包括由一系列的方程构成的失效准则，其中每一个方程代表一种独立的损伤模式。Hashin[6] 提出了分别描述纤维损伤以及基体损伤的二次形式的失效准则，认为纤维和基体的损伤分别由沿纤维和基体方向的正应力和剪应力共同作用而产生。纤维的拉、压失效准则表达如下：

$$f_{\mathrm{f}}^{\mathrm{t}}=\left(\frac{\sigma_{11}}{X_{\mathrm{t}}}\right)^{2}+\alpha\left(\frac{\tau_{12}}{S^{\mathrm{L}}}\right)^{2}\qquad(\sigma_{11}\geqslant 0)\tag{1-1}$$

$$f_{\mathrm{f}}^{\mathrm{c}}=\left(\frac{\sigma_{11}}{X_{\mathrm{c}}}\right)^{2}\qquad(\sigma_{11}<0)\tag{1-2}$$

式中，σ_{11}、τ_{12} 为沿面内纵向上的正应力和剪应力；X_{t}、X_{c}、S^{L} 分别为沿面内纵向上的拉伸强度、压缩强度以及剪切强度；α 为剪切应力对面内拉伸失效的影响系数。

基体的拉、压失效准则如下：

$$f_{\mathrm{m}}^{\mathrm{t}}=\left(\frac{\sigma_{22}}{Y_{\mathrm{t}}}\right)^{2}+\left(\frac{\tau_{12}}{S^{\mathrm{L}}}\right)^{2}\qquad(\sigma_{22}\geqslant 0)\tag{1-3}$$

$$f_{\mathrm{m}}^{\mathrm{c}}=\left(\frac{\sigma_{22}}{2S^{\mathrm{T}}}\right)^{2}+\left[\left(\frac{Y_{\mathrm{c}}}{2S^{\mathrm{T}}}\right)-1\right]\frac{\sigma_{22}}{Y_{\mathrm{c}}}+\left(\frac{\tau_{12}}{S^{\mathrm{L}}}\right)^{2}\qquad(\sigma_{22}<0)\tag{1-4}$$

式中，σ_{22} 为面内横向上的正应力；Y_{t}、Y_{c}、S^{T} 分别为面内横向上的拉伸强度、压缩强度和剪切强度。

同 Hashin 失效准则类似，LS-DYNA 中自带的材料模型 MAT22（Chang-Chang 本构模型[7]）包含了纤维破坏、基体开裂以及纤维-基体剪切分层三种损伤模式的失效准则，但每种失效准则中只考虑了面内应力的影响，没有考虑厚度方向上应力的影响，因此这种失效准则仅仅适用于描述单层板的破坏。Hashin 失效准则和 Chang-Chang 失效准则都是二维失效模型，没有考虑厚度方向上的正应力和剪应力对不同失效模式的影响，这可能对模拟复合材料靶板受面内载荷的情况影响不大，但是对于受横向冲击载荷的复合材料靶板来说，利用这两种模型所得到的预测结果可能会与实际情况相比存在很大的偏差。同时，两者都没有考虑分层损伤模式，而分层损伤是纤维增强复合材料侵彻过程中一种重要的损伤模式。

江大志等[8-9]针对复合材料在冲击载荷作用下的细观损伤和宏观损伤，如分层、基体开裂、纤维断裂等的破坏机理，采用最大应变分量准则，提出一种分析模型，并进行了相应的试验。

Hou 等[10-11]基于 Chang-Chang 失效准则并且在面内失效中加入了厚度方向上应力的影响，此外还考虑了分层损伤的影响，并把此本构模型嵌入 DYNA 用于模拟纤维体积含量为 60%的正交铺层 CFRP（Carbon T300/914 Epoxy）复合材料层合板受横向冲击时的破坏情况。该模型认为，分层损伤模式受到沿厚度方向的正应力与剪应力的共同作用，认为分层损伤不仅发生在厚度方向的正应力为拉应力的情况下，还有可能发生在沿厚度方向的正应力为压应力、但层间的剪切应力非常大的情况下。当厚度方向的正应力分别处于拉伸、压缩情况下时，分层失效准则表示如下：

$$f_{\mathrm{delam}}^2 = \left(\frac{\sigma_{33}}{Z_{\mathrm{t}}}\right)^2 + \left(\frac{\tau_{23}}{S_{23}}\right)^2 + \left(\frac{\tau_{13}}{S_{13}}\right)^2 \qquad (\sigma_{33} \geqslant 0) \tag{1-5}$$

$$f_{\mathrm{delam}}^2 = -8x\left(\frac{\sigma_{33}}{Z_{\mathrm{t}}}\right)^2 + \left(\frac{\tau_{23}}{S_{23}}\right)^2 + \left(\frac{\tau_{13}}{S_{13}}\right)^2 \qquad (\sigma_{33} < 0) \tag{1-6}$$

式中，σ_{33}、Z_{t} 分别为沿厚度方向上的正应力和拉伸强度；τ_{23}、τ_{13}、S_{23}、S_{13} 分别为沿厚度方向上的剪应力和剪切强度。

该模型认为，分层损伤依赖于沿厚度方向上的正应力和剪应力，并且通过实验证明即使在沿厚度方向的正应力为压应力时，只要剪切应力足够大，分层损伤仍有可能发生。

Luo[12]建立了复合材料结构在低速冲击下的失效本构模型，该模型能够描述基体拉伸开裂、纤维拉伸断裂以及分层三种失效模式。Luo 通过利用用户自定义子程序 VUMAT 把该模型嵌入 ABAQUS，并用该模型来模拟正交对称铺设的 CFRP（Carbon 150/LTM45 Epoxy）复合材料层合板受落锤冲击过程中的破坏形态。其失效准则表达如下：

$$f_{\mathrm{m}} = \left(\frac{\sigma_{22}}{Y_{\mathrm{t}}}\right)^2 + \left(\frac{\tau_{12}}{S_{12}}\right)^2 + \left(\frac{\tau_{23}}{S_{23}}\right)^2 \geqslant 1 \qquad (\sigma_{22} \geqslant 0) \tag{1-7}$$

$$f_{\mathrm{f}}=\frac{\sigma_{11}}{X_{\mathrm{t}}}\geqslant 1\qquad(\sigma_{11}\geqslant 0)\tag{1-8}$$

$$f_{\mathrm{d}}=\left(\frac{\sigma_{33}}{Z_{\mathrm{t}}}\right)^2+\left(\frac{\tau_{13}}{S_{13}}\right)^2+\left(\frac{\tau_{23}}{S_{23}}\right)^2\geqslant 1\qquad(\sigma_{33}\geqslant 0)\tag{1-9}$$

式中，f_{m}、f_{f}、f_{d} 分别为基体开裂、纤维断裂以及分层模式等三种破坏形式的失效准则；X_{t}、Y_{t}、Z_{t} 分别为沿面内纵向、横向以及沿厚度方向上的拉伸强度；S_{12} 为面内横向剪切强度；S_{23}、S_{13} 分别为 2–3、1–3 平面内沿厚度方向上剪切强度。

该模型只考虑了拉伸作用条件下材料三个主方向上的拉伸破坏，然而并未考虑其相应方向上的压缩破坏。但是，当靶板受到横向冲击作用时，材料在各个方向上的受压破坏（尤其是在沿侵彻方向）是其非常重要的破坏形式，也是靶板吸收弹丸能量的重要形式，对靶板抗侵彻能力起着非常重要的作用，不应该被忽略，否则可能造成很大的误差，因此该模型所考虑的失效模式还不够全面。

在 Tsai-Wu 失效准则的基础上，Naik 等[13]考虑了层间失效的影响，并将模型应用到 GFRP（E-Glass/Epoxy）复合材料结构在横向冲击作用下的损伤研究中。

$$I_1=\left(\frac{\sigma_{11}}{X_{\mathrm{t}}}\right)^2+\left(\frac{\sigma_{22}}{Y_{\mathrm{t}}}\right)^2+\left(\frac{\tau_{12}}{S_{12}}\right)^2-\left(\frac{\sigma_{11}}{X_{\mathrm{t}}}\right)\left(\frac{\sigma_{22}}{Y_{\mathrm{t}}}\right)\tag{1-10}$$

$$I_2=\left(\frac{\sigma_{33\mathrm{t}}}{Z_{\mathrm{t}}}\right)^2+\left(\frac{\sigma_{33\mathrm{c}}}{Z_{\mathrm{c}}}\right)^2+\left(\frac{\tau_{23}}{S_{23}}\right)^2+\left(\frac{\tau_{31}}{S_{31}}\right)^2\tag{1-11}$$

式中，I_1、I_2 分别为材料在平面内的损伤破坏以及沿面外厚度方向上的层间破坏；σ_{11}、σ_{22}、τ_{12}、τ_{23}、τ_{31}、$\sigma_{33\mathrm{t}}$、$\sigma_{33\mathrm{c}}$ 分别为面内纵向、横向正应力、切应力，沿厚度方向上的切应力以及沿厚度方向上的拉、压正应力分量；X_{t}、Y_{t}、Z_{t} 分别为沿面内纵向、横向以及厚度方向上的拉伸强度；Z_{c}、S_{12}、S_{23}、S_{31} 分别为厚度方向的压缩强度以及不同平面内（1-2、2-3、3-1）的剪切强度。

在上述的模型中，一旦某一种失效准则得到满足，材料就进入损伤阶段，最简单的描述材料失效后损伤过程的方法是脆性失效模型。也就是说当材料的失效准则满足后，相应的材料常数，如应力、强度和模量会立刻降低为零或一个极小的值。但是，事实上当某种失效机制发生后，材料并不是瞬间失去承载能力，而是一种材料的性能（如强度、刚度等）随着损伤的积累逐渐减弱直至最终失效的过程，因此，建立在连续介质损伤力学基础上的连续介质损伤模型（Continnum Damage Mechanics Model，CDM Model）能够描述材料在损伤发生后的软化阶段，受到了从事复合材料数值模拟相关人员越来越多的关注和越来越深入的研究。

连续介质损伤力学模型主要包括失效准则和损伤演化两部分。前者主要控制损伤的发生条件，后者则控制损伤的发展，两者相互结合共同描述在一定条件下 FRP 复合材料从损伤起始直至最终失效的过程。连续介质损伤力学模型理想地假设损伤在复合材料本构中表现为弹性模量的缩减。连续介质损伤模型选择合适的数学表达式来表征材料的损伤状态对弹性模量的影响以及加载、卸载条件下刚度的变化。描述复合材料损伤演化的方程一般包括线性形式、指数形式的软化方程，通过引入 n 个损伤因子来描述材料在不同方向上刚度随不同形式损伤累积的衰减。

Matzenmiller 等[14]提出了一个描述单向纤维增强复合材料层合板在平面应力状态下的连续介质损伤力学模型。在该模型中引入了三个损伤变量 ω_i，来描述材料的不同损伤模式对其刚度的影响。其中的两个损伤变量表征单层板面内主方向上弹性模量的缩减受相应损伤形式的影响，另一个损伤变量则用来表征面内剪切模量的缩减受损伤的影响。该模型损伤变量的表达式如下：

$$\omega = 1 - \exp\left[-\frac{1}{m}\left(\frac{E^0\varepsilon}{X}\right)^m\right] \tag{1-12}$$

式中，m 为 Weibull 参数，是控制损伤变量增长特征的唯一参数。

材料的应力-应变关系通过等效应变一个变量来控制，且材料本构关系中的硬化阶段和软化阶段是耦合在一起不能被独立控制的，因此该模型的应用具有一定局限性。

Williams 和 Vaziri [15] 通过不同能量正侵彻 CFRP（T800/3900-2 Epoxy）复合材料层合板的非贯穿实验对 Matzenmiller 等提出的 CDM 模型进行了评估，并与 LS-DYNA 中材料模型的模拟结果做了比较。结果表明，CDM 模型的应用在预测针对损伤的扩展、侵彻力载荷历程、能量随时间变化历程等方面的预测结果较脆性失效模型预测结果有了很明显的改善。Williams 等[16]针对 Matzenmiller 等提出的 CDM 模型的局限性，建立了三维 CODAM 模型（Composite Damage Model）。该模型假设 FRP 材料的响应可分为三个连续的阶段：没有损伤的弹性阶段（包含基体裂纹及分层的初始损伤阶段），纤维断裂、基体开裂以及分层的后续损伤阶段。每个不同的阶段材料表现为斜率不同的线性，且每个阶段通过试验标定的标量势函数 F 的临界值界定。模型的建立基于对材料试验中损伤发展的观察以及损伤对材料相应参数的影响，模型的物理意义清晰。但该模型中涉及参数的选取和确定非常复杂，还需要进行大量的工作。

Van Hoof 等[17]基于最大应变准则提出了描述复合材料结构弹道冲击条件的二维连续介质损伤力学模型。Ladeveze 等[18]提出了一个连续介质损伤力学模型用来描述单向纤维增强复合材料层合板的损伤破坏。该模型能够同时计算出在起始直至最终失效过程中，任何时刻的层内以及层间损伤的程度以及整个过程的损伤变化历程。该模型认为，层合板由每个单层、层与层之间的界面两相组成，认为沿厚度方向损伤是均一的。模型假设材料在沿纤维方向表现为脆性，损伤演化只应用于基体与剪切损伤模式，模型只限于波长大于板厚的动态加载。由于模型比较复杂，因此需要计算时间非常久。

Johnson[19-20]提出了一个连续损伤模型并用来描述织物增强复合材料层合板的损伤破坏。该模型由单层板损伤模型和分层模型两部分组成，其中对于织物单层板引入了三个损伤变量 d_1、d_2、d_{12} 分别用来描述沿两个面内纤维主方向以及剪切方向的损伤，且三个损伤变量之间是相互独立的。Hochard 等[21]建立了准静态条件下平面织物单层层合板 CFRP 的 CDM 模型，该模型认为径向与纬向材料表现为脆性，在剪切方向引入了单一损伤变量用来描述剪切模量的连续降低。他们又在后续的工作中[22]基于前面建立的准静态载荷条件下的连续损伤模型，研究了材料在循环以及疲劳载荷下累积损伤的扩展情况。Thollon 等[23]结合单向纤维铺层 CDM 模型，提出了描述非平衡织物单层板的 CDM 模型，并将其应用于解决非平衡织物 FRP 层合板的相关问题。

前面介绍的 Ladeveze[18]、Johnson[19]、Hochard[21-23]等人所提出的连续介质损伤力学模型，都只考虑了单层板的面内损伤破坏形式，损伤变量采用热力学载荷的函数描述并用来表征材料损伤的累积，然后通过不同的损伤变量与材料相应方向上的刚度建立联系，进而描述材料由损伤发生、扩展直至完全失效的整个过程中刚度的衰减。

描述复合材料面内损伤破坏的二维连续介质损伤力学模型也同样在 Iannucci 和 Ankersen[24-25]、Donadon 等[26]、Lapczyk 和 Hurtado[27]等文章中得到了不同形式的运用。Iannucci 和 Ankersen[24-25]利用提出的平面应力状态下的连续介质损伤力学模型，预测单向以及织物铺层 CFRP 复合材料层合板的损伤机制。该模型主要关注薄 CFRP 层合板的面内破坏，模型只考虑了纤维的断裂以及纤维/基体分层损伤，没有考虑其他形式损伤破坏模式的影响，如压缩破坏以及分层等。Donadon 等[26]所提出的连续介质损伤力学模型利用最大应变失效准则表征不同模式的损伤，其中包括纤维方向的拉压、基体方向的受拉、面内/面外剪切失效；认为纤维方向的损伤受拉、压的相互耦合作用，剪切损伤采用非线性本构关系表征。

在 Iannucci 和 Ankersen[24-25]以及 Donadon 等[26]提出的模型中，损伤的扩展基于断裂能方法并采用等效应变的函数表征材料的损伤变量，进而描述材料损伤累积对刚度的影响。在应用断裂能方法解决网格依赖性问题的模型中，除前面介绍的采用热力学载荷、等效应变作为损伤变量的自变量外，还有采用等效位移作为损伤变量的自变量模型，如 Lapczyk 和 Hurtado[27]提出的损伤力学模型，该模型通过不同损伤失效模式相应的等效位移来控制损伤变量的变化，进而描述材料不同形式的损伤随着载荷的变化而扩展的过程。模型中考虑了纤维拉、压破坏，基体拉、压破坏等四种破坏模式，每一种破坏模式引入不同的损伤变量 ω（4 个）来表征相应失效模式损伤的累积。

前面介绍的模型，除了只描述材料面内损伤的不足外，还有一个共同的不足就是没有考虑材料的应变率效应；同样的，在最近提出的连续介质损伤力学模型中[18-27]，也没有提及应变率效应。尽管有些模型能够较好地预测复合材料层合板在准静态条件下破坏，但是对应变率效应描述的缺失使得他们不能很好地预测高应变率载荷条件下的材料响应。对于弹道冲击条件下的复合材料靶板来说，材料在冲击区域会产生较高的应变率。大量实验证明，当复合材料靶板受到高速冲击载荷作用时，材料的强度和刚度会表现出很明显的应变率敏感性[28-31]，尤其是对于 GFRP 以及 KFRP 复合材料而言，其应变率效应非常明显，需要在本构模型中予以考虑。

Yen 等[32-33]建立了一个三维连续损伤力学模型，该模型是建立在 Hashin 失效准则以及 Matzenmiller 等提出的连续介质损伤力学方法基础之上的。模型考虑了纤维和基体的多种损伤破坏模式，如纤维拉伸/剪切失效、压缩破坏、厚度方向上的压溃、分层以及面内剪切失效；引入了不同的损伤变量描述不同损伤模式下损伤的累积，进而用来表征相应刚度的缩减；考虑了材料强度和模量的应变率效应。Xiao 等[34]、Gama 和 Gillespie[35]用 Yen[33]提出的模型来模拟准静态以及动态横向冲击条件下 GFRP（S-2 Glass/SC15 Epoxy）复合材料的损伤和破坏，模型中有关损伤演化部分相关参数众多，通过一系列的试算比较确定了相关参数的值。

尽管 Yen 提出的模型具有很强的适用性，但是模型中涉及的参数众多，尤其是应变率效应相关的参数，需要针对不同的材料做大量复杂实验以确定其参数值，造成模型的应用困难。

综上所述，纤维增强复合材料具有广阔的发展空间，对纤维增强复合材料层合板抗弹性能的研究也越来越广泛和深入，众多国内外学者相继通过实验手段、理论分析以及数值模拟方法做了大量的工作并取得了许多重要的研究成果。通过实验研究可以直接观测复合材料靶板的宏观损伤破坏形态，有助于人们了解靶板的损伤破坏机理，为建立理论分析模型和数值模拟奠定了基础。但是，由于复合材料在横向侵彻条件下的损伤机制非常复杂，靶板的抗弹性能也受到多种因素的影响，不同情况下靶板所表现的耗能机制有所不同，要想通过一系列的实验研究不同因素对其抗弹性能的影响，进而建立可靠的经验模型非常困难，且成本高、耗时长。靶板在冲击响应过程中能量耗散机制一般包括纤维拉剪破坏、压溃、基体开裂、面内剪切和层间分层等，影响靶板变形和耗能的主要因素包括靶板形状、尺寸、厚度、铺层方式、边界条件以及弹丸的形状、尺寸、质量、打击速度等。

理论分析模型一般建立在一定的假设基础之上，通过对侵彻过程中层合板响应的分析，抓住主要问题，建立适用于一定条件下的简化分析模型。在一定应用条件下理论分析模型能够满足工程的需要，但其适用条件有限，具有一定的局限性，不能被广泛应用。

纤维增强复合材料在冲击条件下损伤破坏非常复杂，单纯依靠实验方法与理论分析方法很难满足研究的需要，随着计算机技术和计算技术的发展，许多的国内外学者开始借助于计算机利用有限元数值模拟的方法，研究分析复合材料靶板在不同撞击条件下的响应和破坏。借助数值模拟方法，可以针对所研究的问题建立相应的有限元模型并施加边界条件、载荷等，能够真实地反映相应条件下靶板的响应，具有人为假定少、可重复性强等优点，不仅可以得到靶板和弹丸在整个侵彻贯穿过程中各个物理量（如侵彻速度、侵彻力、靶板不同位置的应力、应变、变形等）的变化规律，还能够根据需要进行参数研究，获得有指导意义的结果，大大节约了实验成本。材料本构模型的选择对于数值模拟来说至关重要，建立更加接近材料实际特性的本构模型，是保证数值模拟结果准确和可靠的关键。

现有的商业有限元软件（如 ABAQUS、DYNA 等）中自带的可供用户使用的复合材料本构模型主要为二维脆性失效模型，这些模型认为材料达到强度极限后立即失去承载能力，没有考虑损伤累积对材料刚度的影响；模型一般只考虑了平面内纤维和基体的破坏模式，没有考虑分层破坏的影响；没有考虑沿厚度方向的应力（正应力、剪应力）对面内破坏模式的影响，对应变率效应也鲜有提及。后续发展的三维连续损伤模型逐步考虑了厚度方向的应力对不同失效模式的影响以及分层损伤，也考虑了不同材料的应变率效应，但是模型中涉及参数众多，且不易通过实验得到。因此，有必要建立一个较为完善且简单实用的三维连续介质损伤力学模型，该模型能够描述材料不同形式的损伤，如纤维破坏、基体开裂、分层等，既能真实反映 FRP 层合板的材料响应又能够描述材料刚度随着损伤的累积逐渐缩减的过程以及材料强度和刚度的应变率效应，模型中所涉及的参数物理意义明确，数量较少并且能通过实验得到其值。

2 纤维增强树脂基复合材料连续损伤本构模型

随着计算机技术和计算技术的发展以及人们对复合材料损伤机制的进一步了解，研究人员越来越多地采用数值模拟方法来指导工程分析和设计。对于从事数值模拟的研究人员来说，最重要的问题就是如何选择或构造一个既能够较好地描述材料力学行为又便于计算的本构模型，从而保证数值模拟计算的高效性和可靠性。然而，由于复合材料及其损伤破坏机制的复杂性，建立一个完善的材料本构模型对研究人员来说是非常困难的，只能在一定假设和简化的基础上，抓住能描述材料在一般情况下准静态和动态作用下的力学行为的主要问题。

FRP 复合材料层合板的本构模型主要分为瞬态失效模型以及连续损伤模型两大类，在前面的第 1 章综述中已经对两者做了较详细的评价。前者假定当预先设定的材料失效准则满足时，材料的力学性能参数（如模量、强度等）值将会立即变为零，从而彻底失去承载能力；后者则认为当材料达到失效准则后，材料并不是立刻失去承载能力，而是材料刚度按照一定的规则逐渐退化直至最终失效的过程。本章建立两个连续介质损伤力学模型–指数损伤演化及线性损伤演化模型，它们的损伤演化规律不同，下面将对该两种模型进行一一介绍。失效准则、损伤软化规律以及应变率效应构成了一个完整的 FRP 复合材料层合板连续介质损伤力学模型。下面将分别从以上三方面对本章所建立的两个损伤演化模型（指数损伤演化及线性损伤演化）进行详细介绍。

2.1 连续介质损伤力学本构模型介绍

2.1.1 失效准则

在失效准则部分，本章所建立的模型考虑了 FRP 复合材料不同形式的损伤耗能机制，如沿面内 1 和 2 方向上的拉伸/剪切失效、压溃，沿厚度 3 方向上的拉伸失效（分层）、压缩破坏以及面内的剪切失效，下面介绍每种失效准则通过相关应力的二次形式。

（1）沿面内主方向 1 和 2 方向上的拉伸/剪切破坏为：

$$(f_1)^2 = \left(\frac{\sigma_{11}}{X_t}\right)^2 + \left(\frac{\sigma_{12}}{S_{12}}\right)^2 + \left(\frac{\sigma_{31}}{S_{31}}\right)^2 \tag{2-1}$$

$$(f_2)^2 = \left(\frac{\sigma_{22}}{Y_t}\right)^2 + \left(\frac{\sigma_{12}}{S_{12}}\right)^2 + \left(\frac{\sigma_{23}}{S_{23}}\right)^2 \tag{2-2}$$

式中，1、2、3 分别为面内主方向的纵向（longitudinal）、横向（transverse）以及面外厚度（out of plane）方向；X_t、Y_t 分别为沿 1、2 方向的拉伸强度；S_{12}、S_{23}、S_{31} 分别为 FRP 层合板沿相应方向上的剪切强度。

（2）沿面内主方向 1 和 2 方向上的压缩破坏为：

$$(f_3)^2 = \left(\frac{E_{11} \times \varepsilon'_{11}}{X_c}\right)^2 \quad \varepsilon'_{11} = -\varepsilon_{11} + \frac{\langle -\varepsilon_{33} \rangle \times E_{33}}{E_{11}} \tag{2-3}$$

$$(f_4)^2 = \left(\frac{E_{22} \times \varepsilon'_{22}}{Y_c}\right)^2 \quad \varepsilon'_{22} = -\varepsilon_{22} + \frac{\langle -\varepsilon_{33} \rangle \times E_{33}}{E_{22}} \tag{2-4}$$

式中，E、ε 分别为沿相应下角标方向上的模量、应变；X_c、Y_c 分别为沿面内纵向、横向上的压缩强度；〈 〉的意义如下：

$$\langle \varepsilon_{33} \rangle = \frac{\varepsilon_{33} + |-\varepsilon_{33}|}{2} \tag{2-5}$$

（3）沿厚度方向上的压缩破坏为：

$$(f_5)^2 = \left(\frac{E_{33} \times \varepsilon'_{33}}{Z_c}\right)^2 \varepsilon'_{33} = -\varepsilon_{33} + k \times \frac{\langle -\varepsilon_{11} \rangle \times E_{11} + \langle -\varepsilon_{22} \rangle \times E_{22}}{E_{33}} \quad (k \in [0,\ 1]) \tag{2-6}$$

式中，Z_c 为材料沿厚度方向上的压缩强度；k 为厚度方向压缩破坏受面内方向应力影响大小的系数，k 介于 0~1 之间，且当 $k=0$ 时与 MAT162 关于厚度方向压缩破坏的准则相同。

（4）面内剪切破坏为：

$$(f_6)^2 = \left(\frac{G_{12} \times \varepsilon_{12}}{S_{12}}\right)^2 \tag{2-7}$$

式中，G_{12} 为材料的面内剪切模量。

（5）沿厚度方向上的拉伸破坏（分层）。分析认为，分层不仅会发生在沿厚度方向上应力为拉伸应力的情况下，还可能发生在当沿厚度方向上应力为压应力，但剪切应力足够高的情况下：

$$(f_7)^2 = S_0^2 \times \left[\left(\frac{\sigma_{33}}{Z_t}\right)^2 + \left(\frac{\tau_{13}}{S_{13}}\right)^2 + \left(\frac{\tau_{23}}{S_{23}}\right)^2\right] \quad (\sigma_{33} \geqslant 0) \tag{2-8}$$

$$(f_7)^2 = S_0^2 \times \left[-8 \times \left(\frac{\sigma_{33}}{Z_t}\right)^2 + \left(\frac{\tau_{13}}{S_{13}}\right)^2 + \left(\frac{\tau_{23}}{S_{23}}\right)^2\right] \quad (\sigma_{33} < 0) \tag{2-9}$$

式中，S_0 为材料的分层修正系数，经常被赋予大于等于 1 的值；Z_t 为沿厚度方向的拉伸强度。

在上面介绍的描述材料不同破坏形式的公式中，$f_1 \sim f_7$ 代表损伤极限参数。当 $f_i>1$ 时，相应破坏模式的损伤开始发生，同时材料进入下面的损伤软化阶段，损伤软化规律将分别在 2.1.2 节与 2.1.3 节加以描述。

2.1.2　损伤软化（指数软化）

在损伤软化部分，引入两种不同形式的损伤演化形式，指数形式（2.1.2 节）和线性形式（2.1.3 节）来分别描述材料在达到失效准则后损伤逐渐累积并达到最终破坏的过程。

首先，在本节中先介绍指数形式的损伤演化方程以及其如何影响材料的刚度的。通过引入损伤变量 ϕ_i 来描述不同损伤失效模式下损伤的累积，其控制方程式如下：

$$\phi_i = 1 - e^{\frac{1}{m_i}(1-f_j^{m_i})} \tag{2-10}$$

式中，m_i（$i=1\sim7$）为反映材料由于第 i 种损伤失效模式在损伤软化过程中的演化特征。

该模型所表征的应力-应变曲线如图 2-1 所示，m_i 值越大，相应条件下材料的刚度下降越快；反之，m_i 值越小，材料刚度下降越缓慢。

f_i（$i=1\sim7$）是指 2.1.1 节中介绍的 7 种不同损伤失效模式的损伤极限变量。由于不同方向上弹性模量（E_{11}，E_{22}，E_{33}）和剪切模量（G_{12}，G_{23}，G_{31}）的缩减不是只受到单一形式损伤的影响，而是由不同形式的损伤共同作用导致的。因此，通过引入损伤变量 ω_i 表征模量受到不同形式损伤 ϕ_i 的综合作用而缩减的程度，其表达式如下：

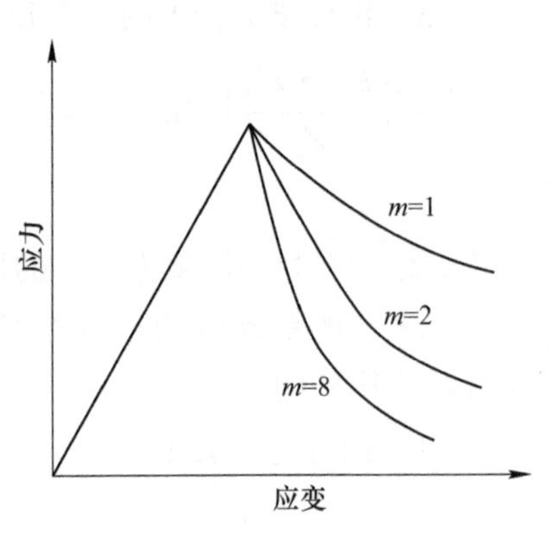

图 2-1　指数软化形式的本构关系（应力-应变关系）

$$\omega_i = \sum \{q_{ij}\phi_j,\ j=1,\ 2,\ \cdots,\ 7\} \tag{2-11}$$

$$[q_{ij}] = \begin{pmatrix} 1 & 0 & 1 & 0 & 1 & 0 & 0 \\ 0 & 1 & 0 & 1 & 1 & 0 & 0 \\ 0 & 0 & 0 & 0 & 1 & 0 & 0 \\ 1 & 1 & 1 & 1 & 1 & 1 & 0 \\ 1 & 0 & 1 & 0 & 1 & 0 & 1 \\ 0 & 1 & 0 & 1 & 1 & 0 & 1 \end{pmatrix} \tag{2-12}$$

因此，由损伤变量 ω_i 表征的柔度矩阵如下：

$$[S_{ij}] = \begin{bmatrix} \frac{1}{(1-\omega_1)E_{11}} & \frac{-\nu_{21}}{E_{22}} & \frac{-\nu_{31}}{E_{33}} & 0 & 0 & 0 \\ \frac{-\nu_{12}}{E_{11}} & \frac{1}{(1-\omega_2)E_{22}} & \frac{-\nu_{32}}{E_{33}} & 0 & 0 & 0 \\ \frac{-\nu_{13}}{E_{11}} & \frac{-\nu_{23}}{E_{22}} & \frac{1}{(1-\omega_3)E_{33}} & 0 & 0 & 0 \\ 0 & 0 & 0 & \frac{1}{(1-\omega_4)G_{12}} & 0 & 0 \\ 0 & 0 & 0 & 0 & \frac{1}{(1-\omega_5)G_{23}} & 0 \\ 0 & 0 & 0 & 0 & 0 & \frac{1}{(1-\omega_6)G_{31}} \end{bmatrix} \tag{2-13}$$

通常认为泊松比、模量在损伤发生后都会有同等程度的衰减，因此在式(2-13)中柔度矩阵 $[S]$ 只有对称线上的项 S_{ii} 含有损伤变量 ω_i，而其他非对称线上的项则不受损伤变量 ω_i 的影响。随着损伤的累积，即 ω_i 的增大，模量 E 不断降低直至最小极限。刚度矩阵 $[C_{ij}]$ 是柔度矩阵 $[S_{ij}]$ 的逆矩阵，表达式如下：

$$[C_{ij}] = [S_{ij}]^{-1} \tag{2-14}$$

应力 σ 与应变 ε 的关系由下式得到：

$$\{\sigma\} = [C_{ij}]\{\varepsilon\} \tag{2-15}$$

其中，$\{\sigma\}$ 与 $\{\varepsilon\}$ 的分量分别为：

$$\{\sigma\} = \{\sigma_{11},\ \sigma_{22},\ \sigma_{33},\ \sigma_{12},\ \sigma_{23},\ \sigma_{31}\}^{\mathrm{T}} \tag{2-16}$$

$$\{\varepsilon\} = \{\varepsilon_{11},\ \varepsilon_{22},\ \varepsilon_{33},\ \varepsilon_{12},\ \varepsilon_{23},\ \varepsilon_{31}\}^{\mathrm{T}} \tag{2-17}$$

经过上述步骤得到每一个时间步长结束时的应力、模量以及损伤相关物理量，并通过迭代将上一时间步得到的结果保存至下一时间步，进而继续进行下一时间步的计算，得到下一步结束时相关物理量的新值，这样不断地重复迭代完成整个侵彻过程的数值模拟并得到任意时刻相关物理量的详细信息以及它们在整个侵彻过程中的发展变化。

2.1.3 损伤软化（线性软化）

材料的应力状态一旦达到失效准则后，继续加载会导致损伤的发生、累积，进而导致材料性能的降低。在本章中直接表现为材料模量的衰减。下面采用线性的损伤软化形式来表征材料进入损伤阶段后的响应，如图 2-2 所示。

如果一个连续损伤模型的本构关系通过应力-应变的形式来表达，如图 2-2（a）所示。由于应变软化而造成的应变集中将会导致有限元模型计算结果的网格

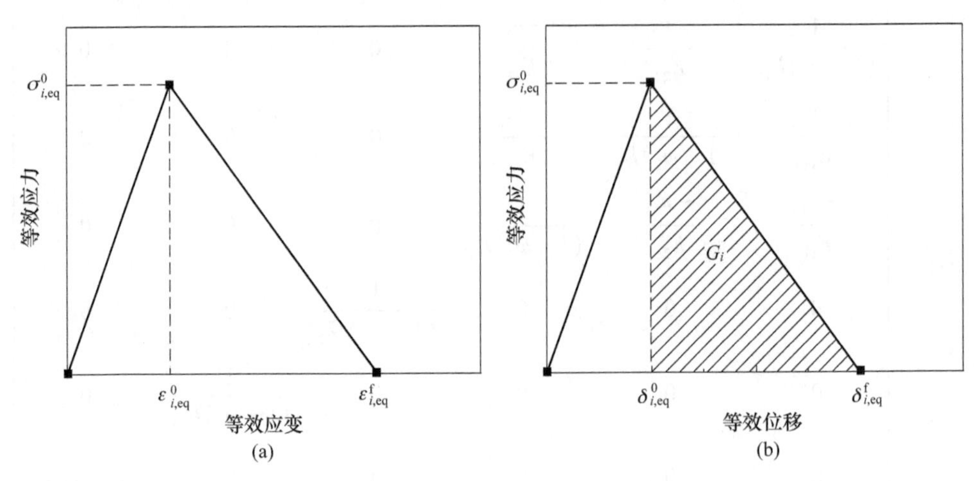

图 2-2 线性软化形式的本构关系

（a）等效应力-等效应变关系；（b）等效应力-等效位移关系

依赖性，表现为随着有限元模型中网格尺寸的变小，靶板所吸收的能量也相应地降低，从而导致靶板抗弹能力的下降。为了解决网格依赖性这一问题，下面引入断裂能方法，并且通过引入单元的特征尺寸 $L_\mathrm{c}(\delta_\mathrm{eq}=L_\mathrm{c}\times\varepsilon_\mathrm{eq})$ 用应力-位移关系取代通常情况下的应力-应变关系来描述材料的响应。损伤变量 ϕ_i 由等效位移表示的表达式如下：

$$\phi_i=\frac{\delta^\mathrm{f}_{i,\mathrm{eq}}(\delta_{i,\mathrm{eq}}-\delta^0_{i,\mathrm{eq}})}{\delta_{i,\mathrm{eq}}(\delta^\mathrm{f}_{i,\mathrm{eq}}-\delta^0_{i,\mathrm{eq}})}\qquad(\delta^0_{i,\mathrm{eq}}\leqslant\delta_{i,\mathrm{eq}}\leqslant\delta^\mathrm{f}_{i,\mathrm{eq}})\tag{2-18}$$

式中，$\delta^\mathrm{f}_{i,\mathrm{eq}}$ 为材料完全破坏时的等效失效位移，如图 2-2（b）所示，且通过下式得到：

$$\delta^\mathrm{f}_{i,\mathrm{eq}}-\delta^0_{i,\mathrm{eq}}=\frac{2G_i}{\sigma^0_{i,\mathrm{eq}}}\tag{2-19}$$

式中，G_i 是需要被确定的断裂能参数，如图 2-2（b）中等效应力-等效位移关系下所包含的阴影部分的面积；$\sigma^0_{i,\mathrm{eq}}$、$\delta^0_{i,\mathrm{eq}}$ 是材料损伤起始时的初始等效应力和初始等效位移，如图 2-2（b）所示，它们可以通过下面的公式得到：

$$\sigma^0_{i,\mathrm{eq}}=\sigma_{i.\mathrm{eq}}/f_i\qquad\delta^0_{i,\mathrm{eq}}=\delta_{i,\mathrm{eq}}/f_i\tag{2-20}$$

式中，$\delta_{i,\mathrm{eq}}$、$\sigma_{i,\mathrm{eq}}$ 为计算过程中任意时刻不同损伤形式下的等效位移和等效应力，对于不同的失效模式，两者可以通过表 2-1 计算得到。

表 2-1 损伤失效模式的等效位移 $\delta_{i,\mathrm{eq}}$ 与等效应力 $\sigma_{i,\mathrm{eq}}$

失效模式（i=1，2，…，7）	$\delta_{i,\mathrm{eq}}$	$\sigma_{i,\mathrm{eq}}$
i=1 拉伸/剪切失效沿 X 方向（$\sigma_{11}\geqslant0$）	$L_\mathrm{c}\sqrt{(\varepsilon_{11})^2+(\varepsilon_{12})^2+(\varepsilon_{31})^2}$	$L_\mathrm{c}(\sigma_{11}\varepsilon_{11}+\sigma_{12}\varepsilon_{12}+\sigma_{31}\varepsilon_{31})/\delta_{1,\mathrm{eq}}$

续表 2-1

失效模式（$i=1, 2, \cdots, 7$）	$\delta_{i,\mathrm{eq}}$	$\sigma_{i,\mathrm{eq}}$
$i=2$ 拉伸/剪切失效沿 Y 方向（$\sigma_{22}\geqslant 0$）	$L_c\sqrt{(\varepsilon_{22})^2+(\varepsilon_{12})^2+(\varepsilon_{23})^2}$	$L_c(\sigma_{22}\varepsilon_{22}+\sigma_{12}\varepsilon_{12}+\sigma_{23}\varepsilon_{23})/\delta_{2,\mathrm{eq}}$
$i=3$ 面内压缩失效沿 X 方向	$L_c\sqrt{(\varepsilon'_{11})^2}$	$L_c E_{11}\varepsilon'_{11}/\delta_{3,\mathrm{eq}}$
$i=4$ 面内压缩失效沿 Y 方向	$L_c\sqrt{(\varepsilon'_{22})^2}$	$L_c E_{22}\varepsilon'_{22}/\delta_{4,\mathrm{eq}}$
$i=5$ 厚度方向压缩失效	$L_c\sqrt{(\varepsilon_{11})^2+(\varepsilon_{22})^2+(\varepsilon_{33})^2}$	$L_c(\sigma_{11}\varepsilon_{11}+\sigma_{22}\varepsilon_{22}+\sigma_{33}\varepsilon_{33})/\delta_{5,\mathrm{eq}}$
$i=6$ 面内剪切失效	$L_c\sqrt{(\varepsilon_{12})^2}$	$L_c(\sigma_{12}\varepsilon_{12})/\delta_{6,\mathrm{eq}}$
$i=7$ 厚度方向拉伸失效	$L_c\sqrt{(\varepsilon_{33})^2+(\varepsilon_{13})^2+(\varepsilon_{23})^2}$	$L_c(\sigma_{33}\varepsilon_{33}+\sigma_{13}\varepsilon_{13}+\sigma_{23}\varepsilon_{23})/\delta_{7,\mathrm{eq}}$

在这一节中，下面对所提出的断裂能方法有两种假设：一种是假设断裂能的值是一个常数，其大小在损伤软化过程中保持不变，而 $\delta^{\mathrm{f}}_{i,\mathrm{eq}}$ 是一个与应变率相关的变量，如图 2-3（a）所示；另一种是假设 $\delta^{\mathrm{f}}_{i,\mathrm{eq}}$ 的值在损伤软化过程中保持不变，而 G_i 是一个应变率相关的变量，如图 2-3（b）所示。

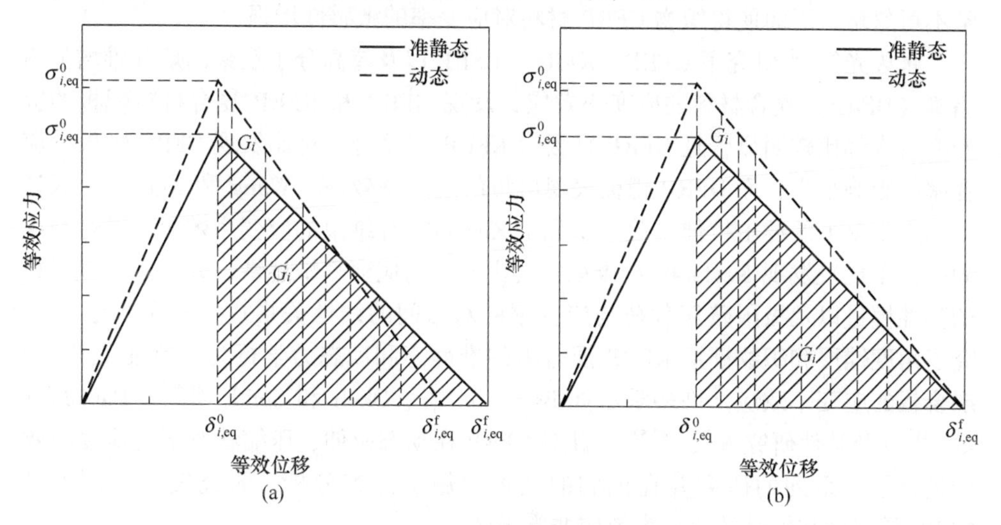

图 2-3 两种不同假设的断裂能方法

（a）断裂能为常数；（b）等效位移为常数

与 2.1.2 节中相同，通过引入变量 ω_i 表示受到不同破坏模式（φ_i）协同作用后刚度的缩减程度：

$$\omega_i = \sum \{q_{ij}\phi_{ij},\ j=1,\ 2,\ \cdots,\ 7\} \tag{2-21}$$

式中，q_{ij}、ϕ_{ij} 如式（2-12）和式（2-18），通过式（2-21）得到了材料在不同方向上的损伤因子 ω_i 后，继而可以利用式（2-13）得到带有损伤因子的柔度矩阵

$[S_{ij}]$，之后通过柔度矩阵的求逆过程得到材料的刚度矩阵 $[C_{ij}]$，最后通过本构关系得到不同方向上的应力分量。这整个求解过程通过不断地迭代，得到不同冲击条件下整个靶板在响应过程中的相关物理量的值。

2.1.4 应变率效应

正如 Harding 等 [28-29] 通过大量实验证明，当复合材料靶板受到高速冲击载荷作用时，材料会表现出很明显的应变率效应，尤其是 GFRP 和 KFRP 复合材料。为了研究不同类型的纤维增强树脂基复合材料层合板的应变率效应，国内外学者做了大量的实验和理论研究。Harding 和 Welsh[30-31] 通过拉伸实验，研究了单向增强碳纤维增强树脂基（CFRP）复合材料层合板以及编织 CFRP、GFRP、KFRP 复合材料层合板在 $10^{-4} \sim 10^{3}\ s^{-1}$ 范围内的应变率效应，发现单向增强 CFRP 的应变率效应不敏感，而编织的 CFRP、GFRP、KFRP 的强度和模量都表现出相似的应变率效应。他们认为不同形式的 CFRP 出现不同应变率效应原因在于单向增强时应变率不敏感的碳纤维起主要承载作用，基体的作用可忽略不计。而当材料为织物铺层时，虽然碳纤维的应变率效应不明显，但是基体对应变率效应的贡献不可忽略，因而使得织物 CFRP 材料对应变率的敏感性增强。

张佐光等[36] 研究了 GFRP、KFRP、CFRP 以及超高分子量聚乙烯纤维增强树脂基（DFRP）复合材料的应变率效应，发现 GFRP 和 KFRP 复合材料靶板的应变率效应都比较明显，且 GFRP 靶板较 KFRP 更显著；对比发现 CFRP 靶板受应变率的影响很小，而 DFRP 靶板表现出负的应变率效应。Wang 和 Xia [37-38] 通过不同应变率下的冲击拉伸实验，研究了 Kevlar49 纤维束的应变率效应，通过与准静态数据比较发现 Kevlar49 纤维束表现出较强的应变率敏感性，并得到了该材料的弹性模量以及极限破坏载荷与应变率的对数间的线性关系式。王元博等[39] 研究了角度铺层和织物铺层 KFRP 层合板的准静态和动态力学行为，验证了 KFRP 层合板的应变率效应。许多学者如 Barre 等 [40]、Okoli 和 Smith [41-42]、Papadakis 等 [43] 以及其他研究人员 [47-52]，针对 GFRP 在动态拉伸、压缩状态下的应变率效应进行了一系列的研究并在他们的文章中做了详细分析，研究发现不同类型 GFRP 的强度和模量的应变率效应非常敏感。

在本章介绍的模型中，引入了动态增强因子（Dynamic Increase Factor，DIF）的概念，在统一框架内描述了材料在不同载荷状态下的应变率效应，从而有效地减少了模型中由于材料的应变率效应所需要确定的材料常数。表征动态增强因子（DIF）的表达式如下：

$$DIF = \tanh\left[\left(\lg\frac{\dot{\varepsilon}}{\dot{\varepsilon}_0} - A\right) \times B\right] \times \left\{\left[\frac{C}{(C+1)/2} - 1\right] + 1\right\} \times \frac{C+1}{2} \tag{2-22}$$

式中，A、B、C 为描述 FRP 层合板应变率效应的经验常数，控制了 $DIF \sim \dot{\varepsilon}$ 的形状。

式（2-22）所代表的曲线由三个阶段组成：低应变率部分初始阶段，中应变率部分的过渡阶段以及曲线最终趋于某一极限值的高应变率阶段。此时，还可以更直接地把图 2-4 中曲线的形状与 A、B、C 值建立联系。A 是第二阶段过渡阶段拐点的水平坐标，控制第一阶段向第二阶段过渡；B 为第二阶段中心点处的斜率控制第二阶段曲线的陡缓；C 为应变率趋于无穷大时动态增强因子（DIF）的极值。

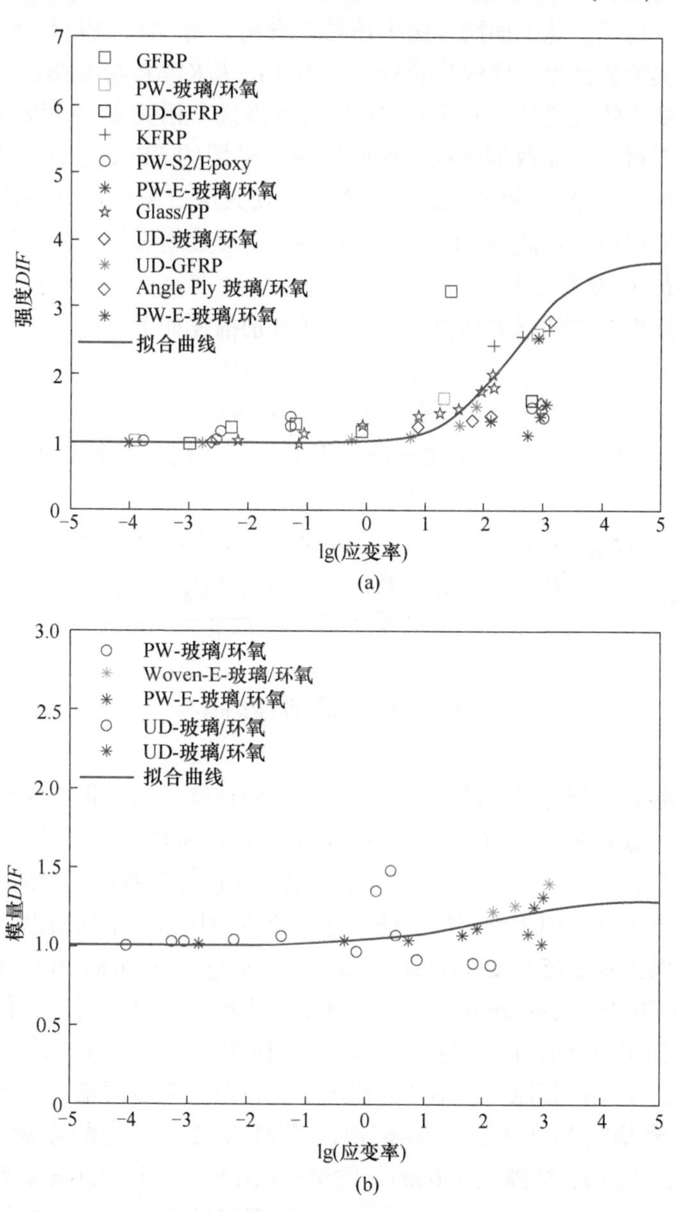

图 2-4 式(2-22)与 FRP 层合板应变率实验数据的比较

(a) 强度；(b) 模量

如图2-4通过统计现有的大量有关GFRP应变率相关数据，并利用式（2-22）进行拟合得到了模量应变率效应的*DIF*和强度应变率效应的*DIF*曲线，其中通过拟合得到的强度的应变率效应参数值为$A_s=2.5$、$B_s=0.9$、$C_s=3.7$，模量的应变率效应参数值为$A_m=1.85$、$B_m=0.5$、$C_m=1.3$。图2-4给出了式（2-22）与不同组成成分、不同编织方式以及不同加载条件下GFRP层合板的应变率效应相关实验数据的拟合情况。从下面两幅图中还可以看出，由“+”表示KFRP层合板的应变率相关实验数据也与曲线吻合较好，因此认为KFRP与GFRP一样，同样满足统一的应变率效应趋势。对于CFRP层合板来说，相关实验并没有取得较为一致的结果，但对于下面数值模拟举例验证中所采用的CFRP（AS4/3501）层合板相关实验数据，经Qian和Swanson[44]实验发现其应变率效应并不明显，因此在后续的数值模拟中，把此种CFRP的应变率效应参数均设置为零，即模量和强度相关的A、B、C参数均为零。

考虑应变率效应的强度和模量的表达式分别描述如下：

$$\{S_{RT}\} = \{S_0\} \times DIF \tag{2-23}$$

$$\{E_{RT}\} = \{E_0\} \times DIF \tag{2-24}$$

式中，$\{S_{RT}\}$、$\{E_{RT}\}$为材料在动态条件下的强度、模量，其沿各方向上的分量如下：

$$\{S_{RT}\} = \{X_t,\ Y_t,\ X_c,\ Y_c,\ Z_t,\ Z_c,\ S_{12},\ S_{23},\ S_{31}\}^T \tag{2-25}$$

$$\{E_{RT}\} = \{E_{11},\ E_{22},\ E_{33},\ G_{12},\ G_{23},\ G_{31}\}^T \tag{2-26}$$

式中，$\{S_0\}$、$\{E_0\}$分别为相应的准静态强度与模量。

2.2 网格依赖性研究

为了检验2.1节所提出的两个断裂能相关的连续介质损伤力学模型能否减少网格依赖性，分别把这两个模型通过Fortran语言编译成用户定义材料子程序VUMAT并嵌入到Abaqus/Explicit，用于有限元计算并对数值模拟结果进行比较。

从2.1节可知，引入断裂能方法的连续介质损伤力学本构模型分为两种不同的情况，即保持断裂能不变（constant fracture energy approach）和保持断裂位移不变（constant displacement approach），如图2-3所示。下面利用这两种断裂能方法的模型（损伤用位移表征）与传统的模型（损伤用应变表征）来分别计算一个相同的算例，在保持其他条件不变的情况下，只改变靶板网格的尺寸大小，进而研究这三种模型所预测的弹丸残余速度受网格尺寸变化的影响。厚4.07mm GFRP层合板（6ply）被弹径7.6mm、质量6g的平头弹以250m/s速度贯穿。靶板为四周固支，尺寸为200mm×200mm。弹丸贯穿后的残余速度与靶板的网格尺寸的关系如图2-5所示。

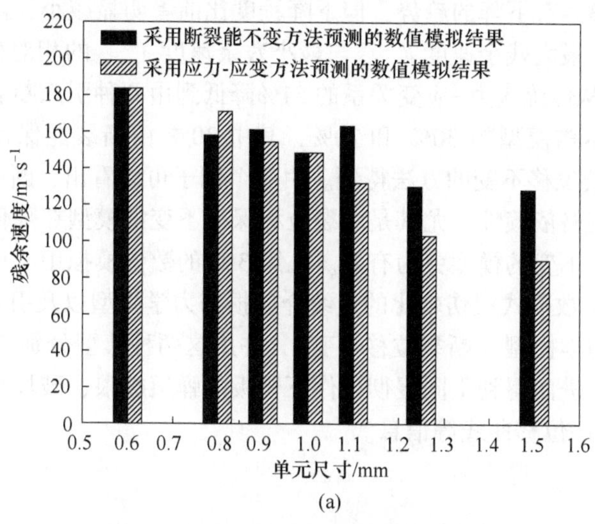

(a)

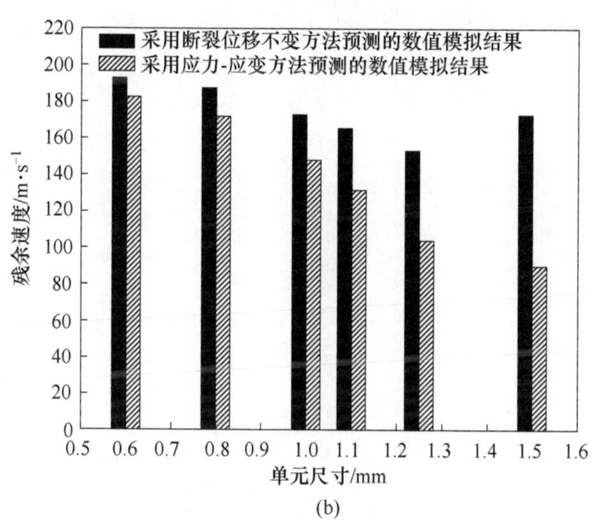

(b)

图 2-5 不同本构模型预测的弹丸残余速度随靶板网格尺寸变化的比较

(a) 保持断裂能不变与普通应变表征损伤的本构模型；(b) 保持断裂位移不变与普通应变表征损伤的本构模型

图 2-5（a）给出了 GFRP 层合板由断裂能保持不变的模型以及传统的应变表征损伤的本构模型计算得到的弹丸残余速度结果的比较，图 2-5（b）给出了由断裂位移保持不变的模型以及传统的应变表征损伤的本构模型计算得到的残余速度结果的比较。靶板的单元尺寸由 0. 5mm 变化到 1. 5mm。从图 2-5 中可以看出，由传统应力-应变方法计算得到的弹丸的残余速度随网格尺寸增大而单调递减，这是因为 FRP 层合板在损伤过程中由于应变集中而产生的应变能随着单元尺寸的增大而增大，靶板吸能能力大幅提高，从而导致弹丸残余速度降低。但对于另外两种引入断裂能方法的连续介质损伤力学本构模型来说，虽然弹丸残余速度随

网格尺寸增大整体有下降的趋势，但下降程度比前者明显减小，网格依赖性得到了明显的改善。最大残余速度 v_{r-max} 与最小残余速度 v_{r-min} 的相对变化值（v_{r-max} - v_{r-min}）/v_{r-max}，从传统应力-应变关系的 51%降低到由两种引入断裂能方法的连续介质损伤力学本构模型的 30% 和 20%，其中 30% 由断裂能保持不变的方法得到、20% 由断裂位移不变的方法得到。由这个例子可以看出，断裂能方法在一定程度上减小了网格依赖性，尤其是断裂位移保持不变的模型在降低网格依赖性方面比断裂能保持不变的模型更为有效。在第 3 章的数值模拟中，单元尺寸大小约为 1mm，选择指数形式损伤软化的连续介质损伤力学模型以及引入断裂能方法的连续介质损伤力学模型（断裂位移不变），并用这两种模型分别描述 FRP 层合板的损伤和破坏，进而得到不同侵彻条件下靶板的弹道极限、破坏形貌以及弹丸的残余速度、载荷-位移曲线等信息。

3 FRP 层合板抗侵彻性能数值模拟研究

ABAQUS 拥有强大的 CAE（Complete ABAQUS Environment）前处理功能和有限元分析功能，被广泛应用于土木工程、交通运输、船舶工业、航空航天、弹道防护等多个领域。ABAQUS 能够通过不同的模块针对每个模块的优势解决不同领域的实际工程问题，近些年来通过不断地改进和完善，被越来越多的用户应用并受到广泛的好评[53]。ABAQUS 主要包含两个求解器模块 ABQUS/Standard 和 ABAQUS/Explicit 以及一个人机交互的前后处理模块 ABAQUS/CAE。

ABQUS/Standard 通常用来分析准静态问题，冲击爆炸等瞬态问题主要通过显示分析 ABAQUS/Explicit 来求解。ABAQUS/CAE 是一个可以进行前后处理和任务管理的人机交互环境，如可以用来建立有限元模型、提交分析作业、监督与诊断分析过程、评估分析结果等[53]。

本章主要内容为弹丸侵彻 FRP 层合板问题，ABAQUS/Explicit 在解决这一类问题上具有较高的求解效率和可靠性，采用第 2 章中提出的两种 FRP 复合材料连续介质损伤力学模型，对 GFRP、CFRP、KFRP 层合板在不同弹头弹丸撞击下的抗弹性能进行数值模拟研究。将数值模拟结果与相应的实验结果进行对比，从而验证模型的可靠性和可预测性。

本章针对第 2 章介绍的渐进损伤本构模型（2. 1 节）中厚度方向的失效准则式（2-6）进行了讨论，通过对不同类型的 FRP 层合板（CFRP、KFRP）受不同弹头（平头、锥头）弹丸侵彻进行数值模拟并与实验数据进行比较，研究了不同撞击速度条件下 K 值（0，0. 5，0. 75 和 1. 00）对弹丸残余速度的影响。

图 3-1 给出了利用第 2 章提出的连续介质损伤力学模型，即采用指数软化形式的连续介质损伤力学模型（JSA model）预测平头弹贯穿 2mm 以及 4mm 厚的 CFRP（Graphite AS4/3501 Epoxy）层合板后的残余速度，并把数值模拟结果与 Lee 和 Sun [54] 所得到的实验数据进行了比较。其中，弹丸质量为 30g，弹径为 14. 5mm。从图 3-1 可以看出，弹丸残余速度随着 K 值减小而减小，且当 K 为 1. 0 和 0. 75 时预测结果与实验结果吻合较好。

图 3-2 给出了利用 JSA 模型预测锥头弹侵彻厚度为 3. 1mm 和 6. 3mm KFRP（Kevlar29/Polyester）后的残余速度与实验数据[62]的比较。其中，弹丸直径为 12. 7mm，质量为 28. 9g，靶板为直径 114mm 边界固支的圆板。从图 3-2 可以

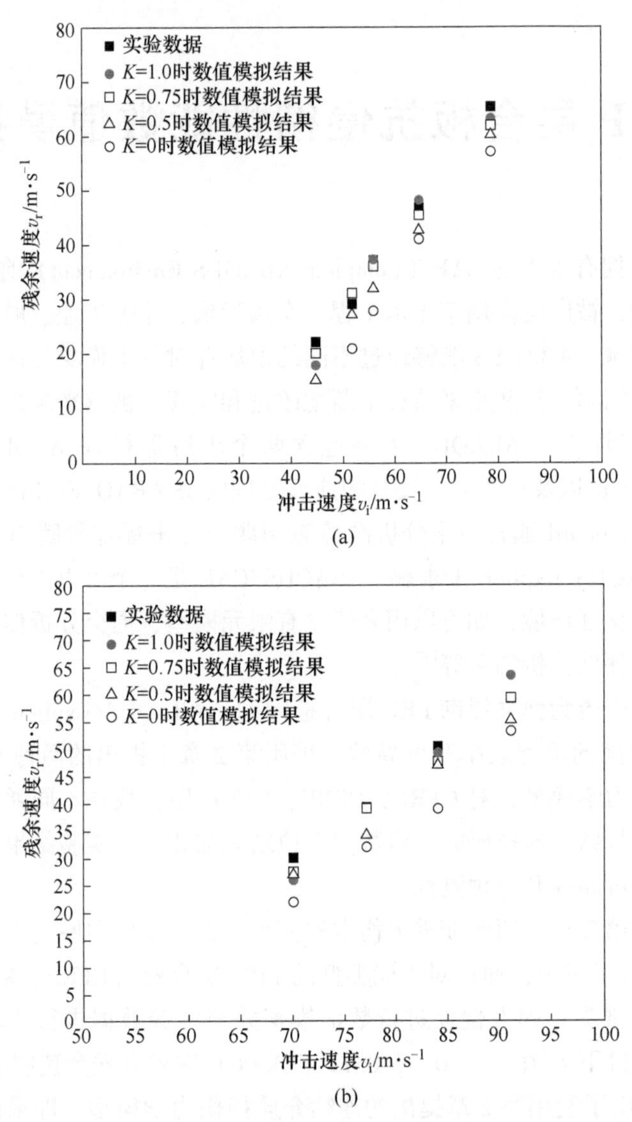

图 3-1 平头弹侵彻不同厚度 CFRP 层合板残余速度随冲击速度的变化

（a）厚度 2mm；（b）厚度 4mm

看出，当 K 为 1.0 和 0.75 时 JSA 模型所预测的数值模拟结果与实验数据吻合较好。

综上所述，从图 3-1 和图 3-2 可以看出，当 K 为 1.0 或 0.75 时数值模拟结果与实验结果吻合较好。因此，在下面的数值模拟中厚度方向失效准则方程式（2-6）中的系数 K 取值为 1.0。

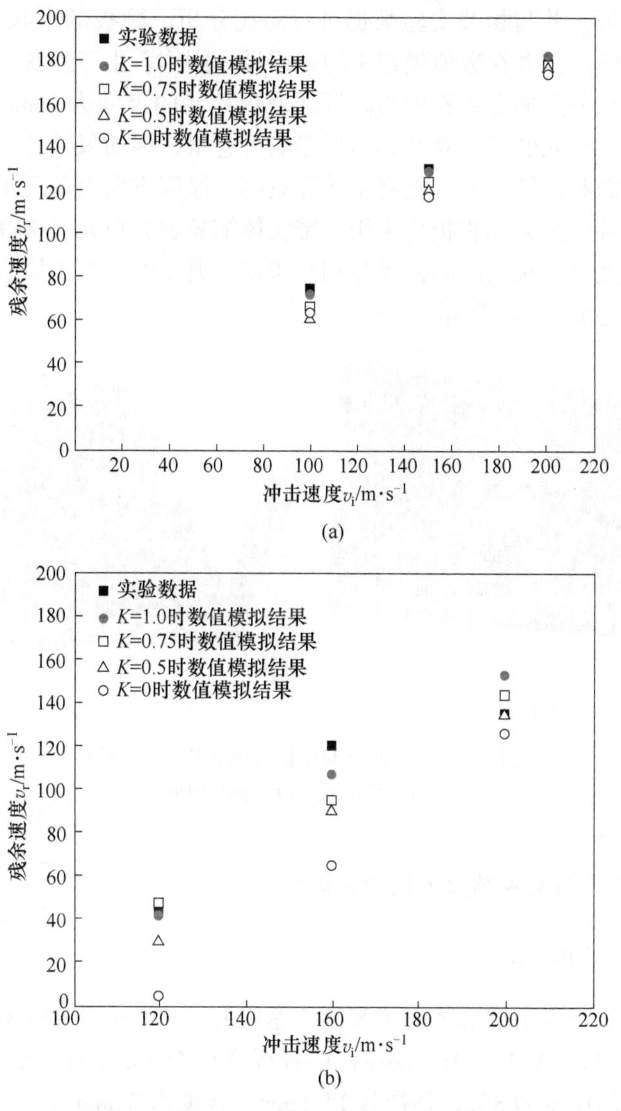

图 3-2 锥头弹侵彻不同厚度 KFRP 层合板后的残余速度与实验数据的比较

（a）厚度 3.1mm；（b）厚度 6.3mm

3.1 平头弹丸侵彻 FRP 层合板数值模拟

3.1.1 有限元模型

在本章的数值模拟中，分别用第 2 章提出的两种连续介质损伤力学本构模型描述靶板的材料响应，对平头弹丸侵彻 CFRP、GFRP、KFRP 复合材料靶板进行有限元数值模拟，并与相关实验数据进行对比分析。靶板的形状有圆形、方形，弹丸均为平头弹。弹丸在数值模拟中均被假设为刚体。由于对称性，选择 1/4 模型用于计算，在弹丸冲击靶板中心附近区域内单元的尺寸为 1mm×1mm，在远离冲击作用区域，单元的尺寸对计算结果影响可忽略，因而尺寸比较大，这样就大大节约计算资源和计算时间，提高了计算效率。厚度方向上单元的数量与层合板的层数保持一致。弹丸和靶板均采用三维实体缩减积分单元 C3D8R，采用通用接触算法描述弹丸与靶板之间的接触与相互作用。典型的方板与圆板受到平头弹撞击的有限元模型如图 3-3 所示。

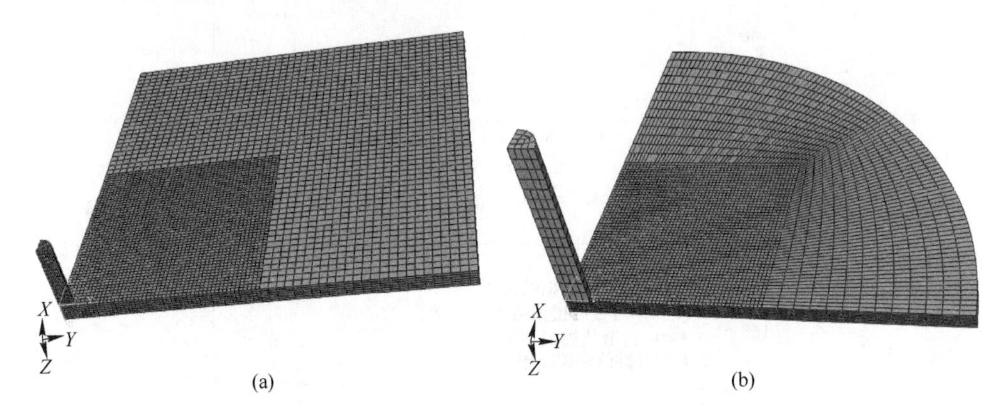

图 3-3　平头弹侵彻靶板有限元模型示意图

（a）方形靶板；（b）圆形靶板

3.1.2　模拟结果与实验结果的比较和讨论

3.1.2.1　CFRP 层合板

针对 CFRP 层合板的数值模拟算例，参照 Lee 和 Sun[54] 的工作。所研究的固支 CFRP（Graphite AS4/3501 Epoxy）层合板直径为 43.5mm，厚度分别为 2mm、4mm，平头弹的质量为 30g、弹径为 14.5mm、长度为 24mm。

图 3-4 给出了利用第 2 章提出的两种连续介质损伤力学模型，即采用指数软化表征的连续介质损伤力学模型（JSA model）和采用线性软化并引入断裂能方法的连续介质损伤力学模型（IJIE model），以及 Chang-Chang 失效模型预测的平头弹贯穿 2mm 以及 4mm 厚的 CFRP 层合板后的残余速度，并把数值模拟结果与 Lee 和 Sun 所得到的实验数据进行了比较。两种模型中所采用的参数值均列于表 3-1。数值模拟中涉及参数的数值主要从 Lee、Sun [54] 和 Naik 等[55] 中得到。在数值模拟中，没有考虑 CFRP 层合板的应变率效应，即其应变率效应的相关参数设置为 0。

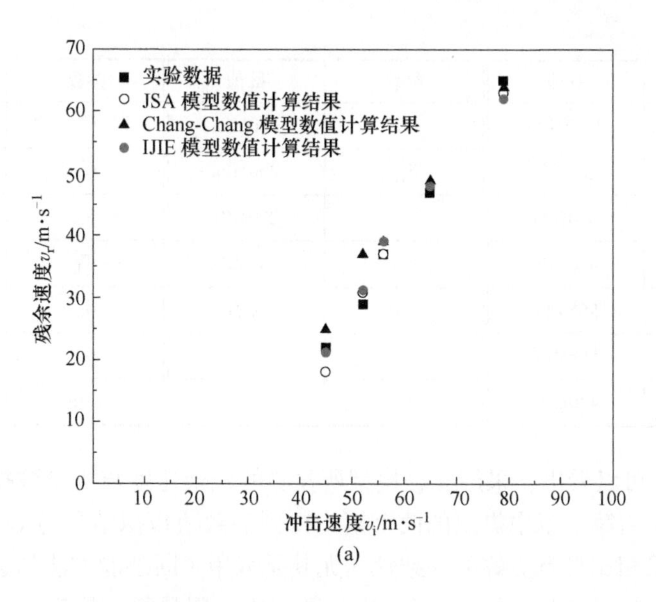

(a)

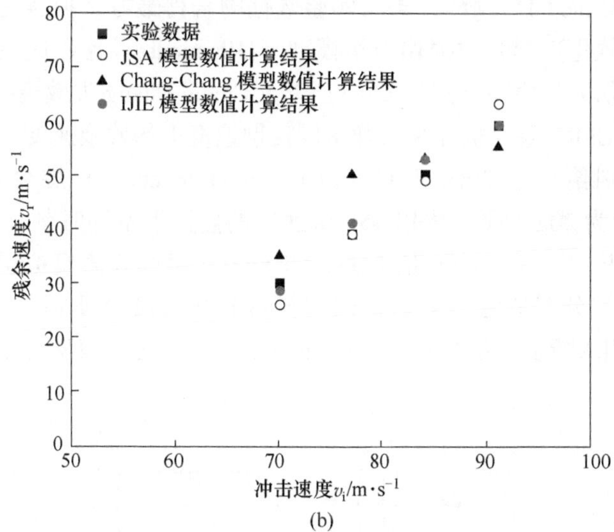

(b)

图 3-4 不同模型预测的平头弹(弹径 14.5mm、质量 30g)贯穿不同厚度 CFRP 层合板后的残余速度与实验结果[8]的比较

(a) 厚度 2mm；(b) 厚度 4mm

表 3-1 第 2 章中提出的本构模型所用 CFRP 层合板的参数值

参数	数值	参数	数值	参数	数值
E_{11}	53.7GPa	Y_c	420MPa	S_0	1.2
E_{22}	53.7GPa	Z_t	49.5MPa	G_1	11N/mm

续表 3-1

参数	数值	参数	数值	参数	数值
E_{33}	11.7GPa	Z_c	220MPa	G_2	11N/mm
G_{12}	20.7GPa	S_{12}	200MPa	G_3	11N/mm
G_{23}	4.0GPa	S_{23}	200MPa	G_4	11N/mm
G_{31}	4.0GPa	S_{31}	200MPa	G_5	4.0N/mm
X_t	565MPa	ν_{12}	0.31	G_6	1.0N/mm
Y_t	565MPa	ν_{13}	0.33	G_7	4.0N/mm
X_c	420MPa	ν_{23}	0.33	$m_1 \sim m_7$	10.0

从图 3-4 可以看出，采用三种模型所预测的残余速度与实验数据都有一定的可比性，但是由第 2 章中提出的两个模型得到的数值模拟结果与 Chang-Chang 失效模型的结果相比具有更好的一致性，尤其是采用了断裂能方法的连续介质损伤力学模型（IJIE model）预测结果与实验数据吻合得最好。换言之，采用了断裂能方法的线性软化连续介质损伤力学模型（IJIE modle）比用应变表征的指数软化连续介质损伤力学模型（JSA model）以及 Chang-Chang 失效模型能够更好地预测不同厚度的 CFRP 层合板在平头弹不同侵彻速度下的残余速度。

图 3-5 分别给出了 2mm 厚的 CFRP（graphite/epoxy）层合板受到弹径为 14.5mm、质量为 30g 的平头弹以 45m/s 速度的撞击下不同时刻（22μs 和 71μs）的变形形貌，其中图 3-5（a）是由 Lee 和 Sun[54] 通过数值模拟得到的结果，图 3-5（b）和（c）分别是由第 2 章提出的指数软化连续介质损伤力学模型（JSA model），以及引入断裂能方法的线性软化连续介质损伤力学模型（IJIE model）数值

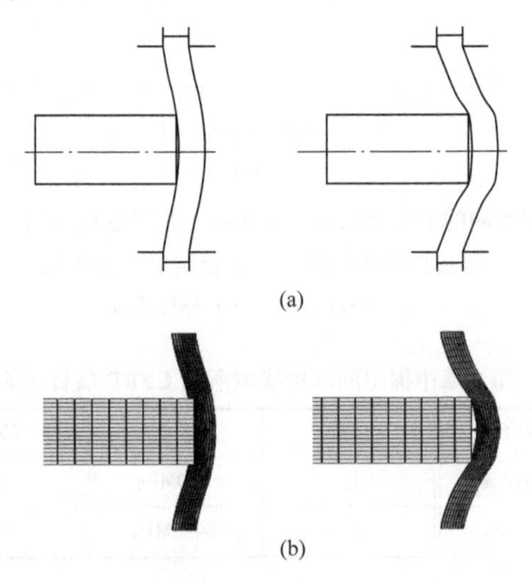
(a)

(b)

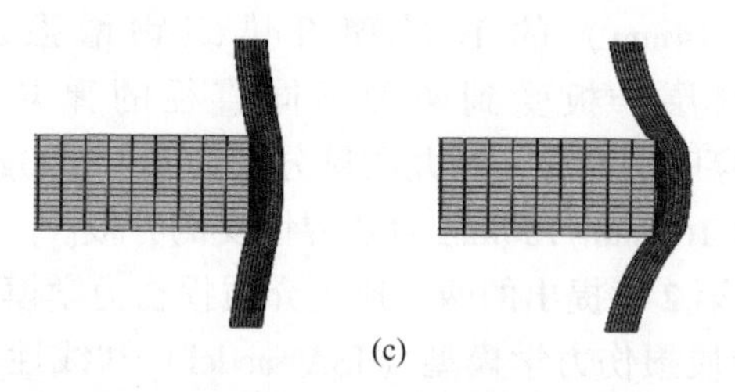

(c)

图 3-5 不同模型数值模拟得到的平头弹侵彻 2mm 厚 CFRP 层合板在 22μs 和 71μs 时刻的变形形貌比较

（a）Lee 和 Sun[54] 得到的数值模拟结果；（b）指数软化连续介质损伤力学模型（JSA model）模拟结果；（c）引入断裂能方法的线性软化连续介质损伤力学模型（IJIE model）模拟结果

模拟得到的结果。从图 3-5 中看出，三者在预测靶板的变形程度上取得了较为一致的结果，靶板的整体弯曲变形明显，且对于薄板来说，靶板整体变形所耗散的能量在其所吸收总能量中起重要作用。

图 3-6 给出了 4mm 和 5mm 厚度的 CFRP 层合板受到相同平头弹撞击后的最大位移变形图。从图中可以看出，4mm 靶板表现出较大的整体变形，而 5mm 靶板的整体变形不明显，主要表现为局部破坏，这表明靶板的整体失效模式和局部失效模式之间存在一定的转换条件。

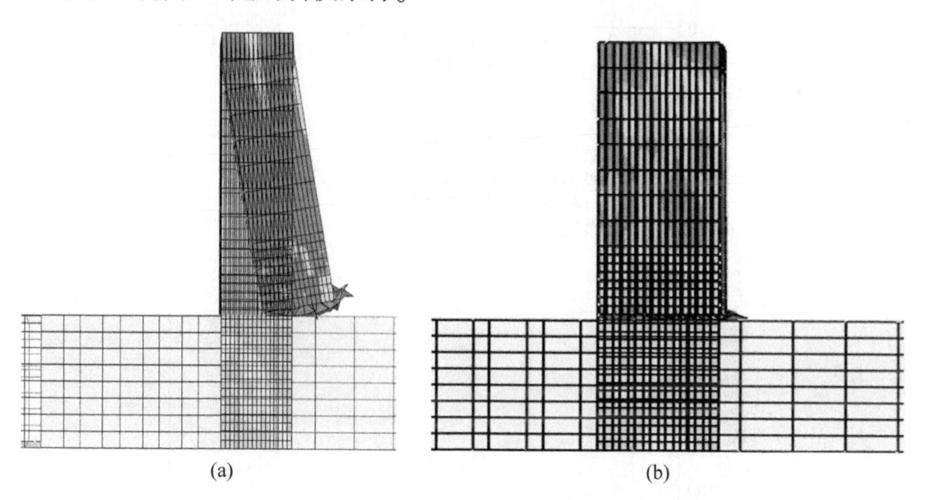

(a) (b)

图 3-6 指数软化连续介质损伤力学模型（JSA model）预测不同厚度的 CFRP 受平头弹丸撞击的变形图

（a）厚度 4mm；（b）厚度 5mm

3.1.2.2 GFRP 层合板

在下面的对比中，选用了 Gellert 等[56] 的实验作为算例。他们研究了不同厚度（4.5mm，9mm，14mm）的 E 玻璃纤维织物增强乙烯基脂（E-glass/Vinylester）复合材料层合板受到两种不同直径的弹丸（D = 6.35mm，D = 4.76mm）侵彻和贯穿时的响应，弹丸质量分别为 m = 3.33g 和 m = 3.84g。GFRP 复合材料靶板为尺寸 100mm×100mm 且边界固支的方板。

图 3-7 给出了由第 2 章提出的两个连续介质损伤力学模型，即指数软化用应变表征损伤的连续介质损伤力学模型（JSA model）和线性软化引入断裂能方法的连续介质损伤力学模型（IJIE model）数值模拟得到的不同厚度靶板的弹道极

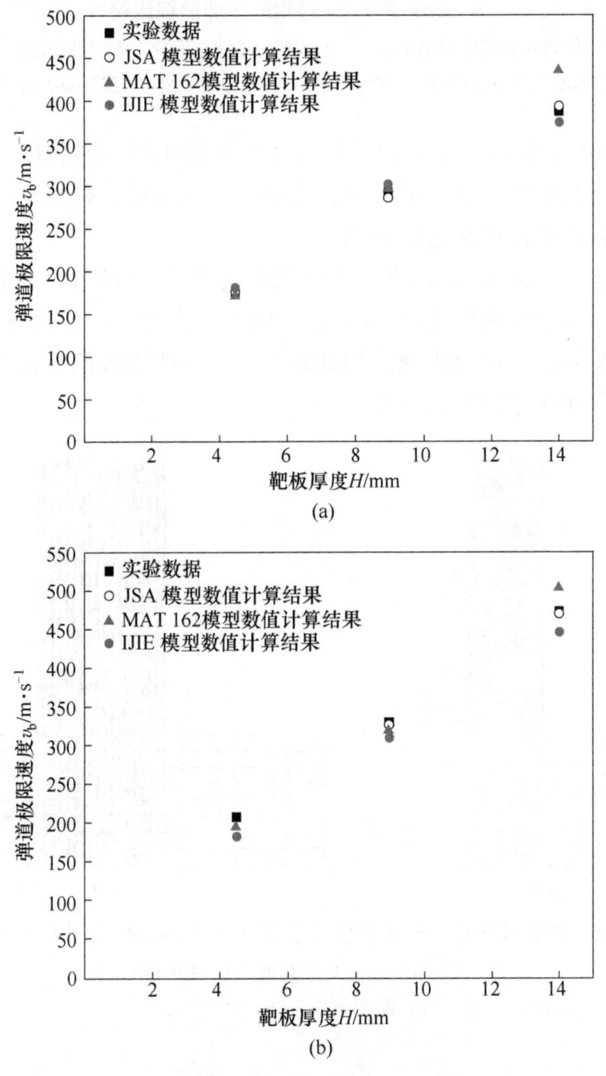

图 3-7　不同模型预测的不同厚度 GFRP 层合板受到不同直径的平头弹丸冲击时的弹道极限速度与实验结果[56]的比较

(a) D=4.76mm，m=3.33g；(b) D=6.35mm，m=3.84g

限速度与 Gellert 等[56]实验结果的比较。其中图 3-7（a）为弹径 4.76mm、质量 3.33g 的平头弹丸侵彻不同厚度的 GFRP（E-glass/Vinylester）层合板时的弹道极限速度，图 3-7（b）为弹径 6.35mm、质量 3.84g 的平头弹丸侵彻与 GFRP 层合板的弹道极限速度。数值模拟计算中，两种连续介质损伤力学模型（JSA model、IJIE model）所用的材料参数值见表 3-2。由 MAT162 本构模型得到的数值模拟结果也被列于图 3-7 中，MAT162 模型中所采用的材料参数值列于表 3-3。从图 3-7 中可以看出，两种模型所预测的结果与弹径为 4.76mm 的实验结果吻合很好，比 MAT162 模型的预测结果有更好的一致性。需要指出的是，对于弹径为 6.35mm 的实验结果来说，数值模拟所预测结果比相应的实验数据略低，但也在可以接受的误差范围内。

表 3-2　第 2 章提出的本构模型所用 GFRP 层合板的参数值

参数	数值	参数	数值	参数	数值
E_{11}	21.7GPa	Y_c	291MPa	A_s	2.5
E_{22}	21.7GPa	Z_t	58MPa	B_s	0.9
E_{33}	8.5GPa	Z_c	400MPa	C_s	3.7
G_{12}	3.91GPa	S_{12}	75MPa	G_1, G_2	12.5N/mm
G_{23}	4.1GPa	S_{23}, S_{31}	58MPa	G_3, G_4	12.5N/mm
G_{31}	4.1GPa	$m_1 \sim m_7$	4.0	G_5, G_6, G_7	1.0N/mm
X_t	604MPa	ν_{12}	0.169	δ_1^f, δ_2^f	4.12×10^{-2}mm
Y_t	604MPa	ν_{31}	0.28	δ_3^f, δ_4^f	8.6×10^{-2}mm
X_c	291MPa	ν_{23}	0.28	δ_5^f	0.5×10^{-2}mm
S_0	1.2	B_m	0.5	δ_6^f	2.7×10^{-2}mm
A_m	1.85	C_m	1.3	δ_7^f	3.45×10^{-2}mm

表 3-3　MAT162 模型所用 GFRP 层合板的参数值

参数	数值	参数	数值	参数	数值
E_{11}	21.7GPa	Y_c	291MPa	C_1	0.024
E_{22}	21.7GPa	Z_t	58MPa	C_2	0.0066
E_{33}	8.5GPa	S_{fc}	850MPa	C_3	-0.07
G_{12}	3.91GPa	S_{12}	75MPa	C_4	0.0066
G_{23}	4.1GPa	S_{23}	58MPa	m_1	0.57
G_{31}	4.1GPa	S_{31}	58MPa	m_2	0.57
X_t	604MPa	ν_{12}	0.169	m_3	0.57
Y_t	604MPa	ν_{31}	0.28	m_4	0.57
X_c	291MPa	ν_{23}	0.28	S_{fs}	300MPa

图3-8给出了线性软化引入断裂能方法的连续介质损伤力学模型（IJIE model）预测的9.0mm厚GFRP层合板受到相同弹丸以319m/s的速度侵彻时相应的变形图。从图3-8中可以看出，靶板在弹丸侵彻前期主要的失效破坏模式表现为层合板正面着靶位置一定厚度内的压入以及剪切破坏并可能伴随着些许的基体开裂、局部弯曲以及背面底层间的分层；随着弹丸的侵入，靶板背面底层纤维的拉伸断裂所吸收的能量占主导地位并夹杂着基体的压溃、裂纹的扩展等；最后弹丸穿透靶板底部塞块形成并被弹体冲出。从图3-8中的比较可以看出，IJIE模型所预测的靶板整体弯曲变形范围偏大，靶板表现出较大的柔性，而JSA模型所预测的弯曲变形范围较小，这可能是由两个模型在损伤软化阶段的差异造成的。

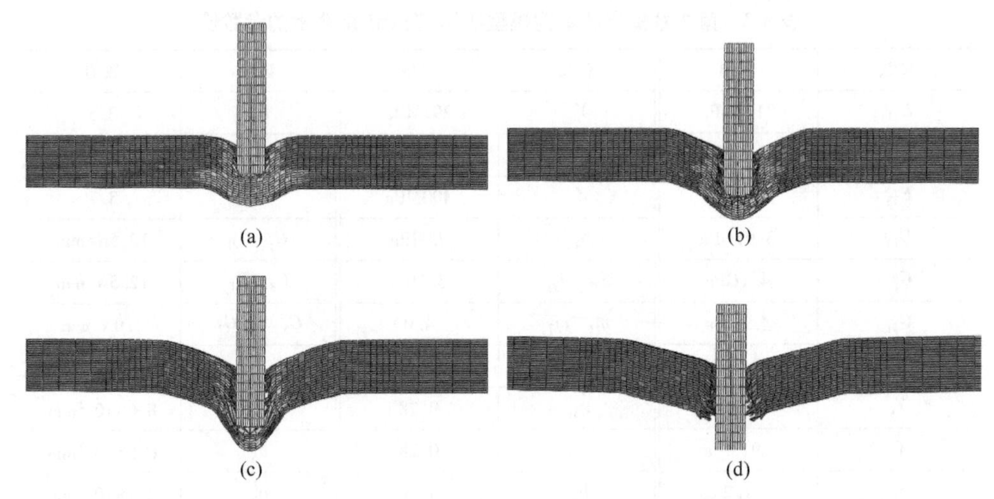

图3-8 IJIE模型预测9.0mm厚GFRP层合板侵彻过程中不同时刻的变形图

（a）$t=25\mu s$；（b）$t=50\mu s$；（c）$t=75\mu s$；（d）$t=125\mu s$

下面用数值模拟Mines等[57]提到的玻璃纤维织物增强聚酯复合材料（E-Glass/Polyester）层合板的实验。靶板面内尺寸为200mm×200mm且边界固支，三种厚度的靶板（6层，12层，24层）分别受到弹径为7.6mm、质量为6g和12g的弹丸高速贯穿。

图3-9给出了第2章提出的两个连续介质损伤力学模型，即JSA模型和IJIE模型，得到的数值模拟结果与Mines等[57]所得到的实验结果的比较，MAT162模型的预测结果也列于图中。第2章提出的模型中材料所采用参数的值均列于表3-4中，MAT162模型中所采用的材料参数值列于表3-5。由图3-9可以看出，两种模型比MAT162模型预测的结果与实验更加吻合，除了对小质量撞击最厚靶时JSA模型预测稍高［见图3-9（a）］，大质量撞击最厚靶时IJIE模型预测结果偏低［见图3-9（b）］外，其余各点都与实验结果吻合很好。

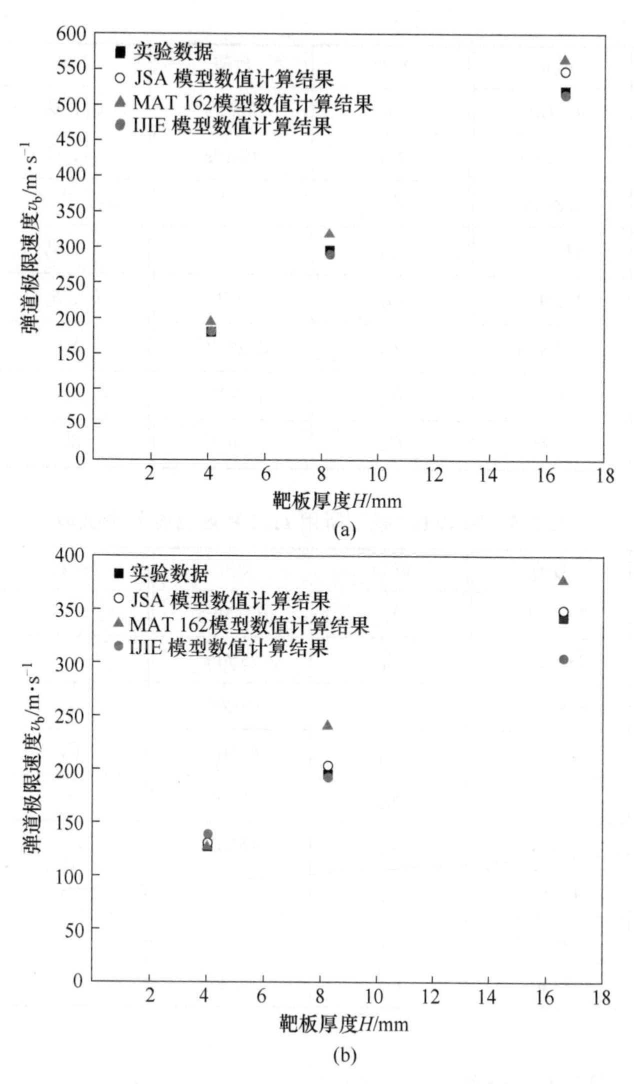

图 3-9 不同本构模型预测不同厚度 GFRP 层合板受不同质量平头弹丸侵彻时的弹道极限与实验数据[23]的比较

(a) $D=7.6\text{mm}$, $m=6\text{g}$; (b) $D=7.6\text{mm}$, $m=12\text{g}$

表 3-4 第 2 章提出的本构模型所用 GFRP 层合板的参数值

参数	数值	参数	数值	参数	数值
E_{11}	23.1GPa	Y_c	337MPa	A_s	2.5
E_{22}	23.1GPa	Z_t	75MPa	B_s	0.9
E_{33}	6.87GPa	Z_c	400MPa	C_s	3.7

续表 3-4

参数	数值	参数	数值	参数	数值
G_{12}	4. 0GPa	S_{12}	40MPa	G_1，G_2	12. 5N/mm
G_{23}	1. 8GPa	S_{23}	45MPa	G_3，G_4	12. 5N/mm
G_{31}	1. 8GPa	S_{31}	45MPa	G_5，G_6, G_7	1. 0N/mm
X_t	442MPa	ν_{12}	0. 15	δ_1^f，δ_2^f	4.12×10^{-2}mm
Y_t	442MPa	ν_{31}	0. 2	δ_3^f，δ_4^f	8.6×10^{-2}mm
X_c	337MPa	ν_{23}	0. 25[47]	δ_5^f	0.5×10^{-2}mm
S_0	1. 2	B_m	0. 5[94]	δ_6^f	2.7×10^{-2}mm
A_m	1. 85	C_m	1. 3[94]	δ_7^f	3.45×10^{-2}mm

表 3-5 MAT162 模型所用 GFRP 层合板的参数值

参数	数值	参数	数值	参数	数值
E_{11}	23. 1GPa	Y_c	337MPa	C_1	0. 024
E_{22}	23. 1GPa	Z_t	75MPa	C_2	0. 0066
E_{33}	6. 87GPa	Z_c	850MPa	C_3	−0. 07
G_{12}	4. 0GPa	S_{12}	40MPa	C_4	0. 0066
G_{23}	1. 8GPa	S_{23}	45MPa	m_1	0. 57
G_{31}	1. 8GPa	S_{31}	45MPa	m_2	0. 57
X_t	442MPa	ν_{12}	0. 15	m_3	0. 57
Y_t	442MPa	ν_{31}	0. 25	m_4	0. 57
X_c	337MPa	ν_{23}	0. 25	S_{fs}	300MPa

3. 1. 2. 3 KFRP 层合板

王元博等[39]通过实验得到平头弹丸以不同初始速度贯穿织物铺层 KFRP (Kevlar29/Epoxy) 靶板后的残余速度。实验中靶板为 200mm×180mm 的方板、厚度为 5mm，受到弹径为 7. 62mm、质量为 5. 2g 的平头弹以不同速度侵彻。下面将基于王元博等[39]的实验数据对第 2 章提出的连续介质损伤力学模型进行验证。

图 3-10 给出了第 2 章提出的两个连续介质损伤力学模型，即 JSA 模型和 IJIE 模型所预测的弹丸以不同初始速度贯穿织物铺层 KFRP （Kevlar29/Epoxy） 靶板后的残余速度与王元博等[39]通过实验得到的残余速度的比较。第 2 章提出本构模型中材料所采用参数的值均列于表 3-6 中。王元博等[39]通过实验所得残余速度

如图 3-10 中黑色实心方形标志（即实验数据）所示，由第 2 章提出本构的两种模型的预测结果用实心圆点与空心圆点表示。从图 3-10 中可以看出，JSA 模型和 IJIE 模型取得了较为一致的结果，除了在较低速度侵彻时两者预测结果与实验相比偏低外，其余预测结果与实验结果吻合较好，尤其是 IJIE 模型与实验吻合最好。

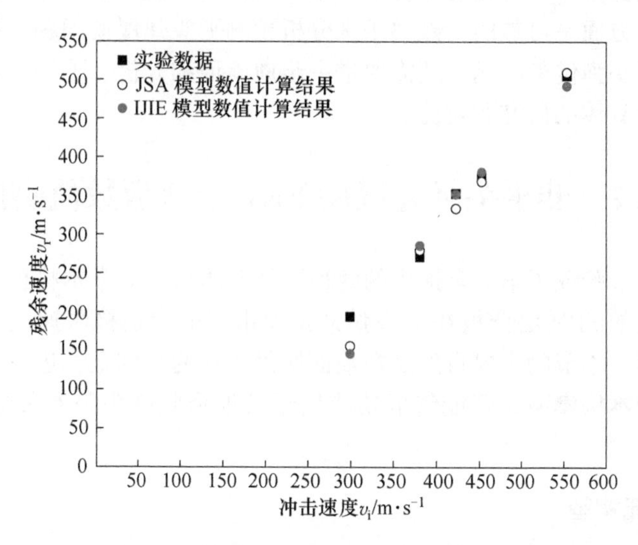

图 3-10　不同本构模型预测 5mm 厚 KFRP 层合板受平头弹丸贯穿时的残余速度与实验数据[39]的比较

表 3-6　第 2 章提出的本构模型所用 KFRP 层合板的参数值

参数	数值	参数	数值	参数	数值
E_{11}	21.0GPa	Y_c	200MPa	A_s	2.5
E_{22}	21.0GPa	Z_t	80MPa	B_s	0.9
E_{33}	4.6GPa	Z_c	225MPa	C_s	3.7
G_{12}	1.3GPa	S_{12}	77MPa	G_1，G_2	9.0N/mm
G_{23}	1.3GPa	S_{23}，S_{31}	100MPa	G_3，G_4	9.0N/mm
G_{31}	1.3GPa	$m_1 \sim m_7$	20.0	G_5，G_6，G_7	1.0N/mm
X_t	800MPa	ν_{12}	0.34	δ_1^f，δ_2^f	2.25×10^{-2}mm
Y_t	800MPa	ν_{31}	0.14	δ_3^f，δ_4^f	9.0×10^{-2}mm
X_c	200MPa	ν_{23}	0.14	δ_5^f	0.4×10^{-2}mm
A_m	1.85	C_m	1.3	δ_6^f	2×10^{-2}mm
B_m	0.5	S_0	1.2	δ_7^f	2.5×10^{-2}mm

在这一小节，利用第 2 章提出的连续介质损伤力学模型（JSA model、IJIE model）通过数值模拟预测得到的结果与相应的实验结果作了对比，其中靶板类型包括 CFRP、GFRP、KFRP 复合材料层合板，比较的项目包括靶板弹道极限速度、弹丸残余速度以及靶板的变形形貌等。然而，本节所采用的算例中弹丸的类型仅限于平头弹，经过对比初步验证了第 2 章提出的模型在预测平头弹侵彻贯穿不同材料靶板方面是可靠的，能够用来分析预测平头弹侵彻问题，但是模型能否成功预测非平头弹侵彻问题，还需要进一步地验证和分析。下一节将针对非平头弹侵彻问题作具体的研究和对比。

3.2 非平头弹丸侵彻 FRP 层合板数值模拟

前面 3.1 节验证了第 2 章提出的两种连续介质损伤力学本构模型能够较好地预测不同种类的 FRP 层合板在平头弹丸正撞击下的弹道极限速度、残余速度以及变形特征等。本节的主要目的是在前面所做工作的基础上，进一步分析和验证第 2 章提出的本构模型是否能够成功应用于其他形状弹头弹丸贯穿 FRP 层合板的情况。

3.2.1 有限元模型

在本节的数值模拟中，分别用第 2 章提出的两种连续介质损伤力学本构模型（JSA model、IJIE model）预测不同弹头弹丸侵彻 CFRP、GFRP、KFRP 复合材料靶板的残余速度以及弹道极限速度等，并与相应的实验数据进行对比分析。靶板的形状有圆形、方形，弹丸有球头弹以及锥头弹。同样的，弹丸在数值模拟中均被假设为刚体。由于对称性，采用 1/4 模型通过设定对称边界条件，冲击作用区域内的单元尺寸约为 1mm×1mm，远离中心冲击区域的单元尺寸较大，从而节约计算时间，提高计算效率。厚度方向上单元的数量与层合板的层数保持一致。弹丸和靶板均采用三维实体缩减积分单元 C3D8R，采用通用接触算法来描述弹丸与靶板之间的接触与相互作用。典型的方板与圆板受到球头和锥头弹撞击的有限元模型如图 3-11 所示。

3.2.2 模拟结果与实验结果的比较和讨论

3.2.2.1 CFRP 层合板

下面将基于 Goldsmith 等[58]和 Ulven 等[59]对 CFRP 层合板的侵彻实验，研究第 2 章提出的两种连续介质损伤力学本构模型，即 JSA 模型和 IJIE 模型对球头弹以及锥头弹侵彻 CFRP 靶板的预测结果。Goldsmith 等[58]通过实验得到了厚度分别为 1.3mm、2.5mm 和 6.6mm 的织物 CFRP（Carbon T-300/934 Epoxy）复合材

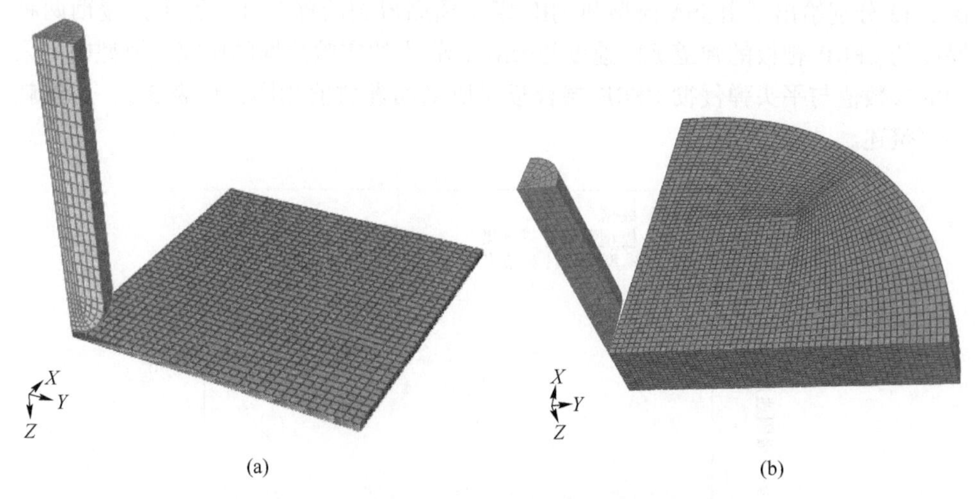

图 3-11 不同弹型弹丸侵彻靶板的有限元模型
(a) 球头弹侵彻方靶；(b) 锥头弹侵彻圆靶

料层合板受到锥头弹正撞击时的弹道极限速度。弹丸的质量为 30g、弹径为 12.7mm，锥角为 60°，固支方板的面内尺寸为 120mm×100mm。Ulven 等[59]通过实验研究了边长为 101.6mm 厚度分别为 3.2mm 和 6.5mm 的织物 CFRP（Carbon 5999/SC-15 Epoxy）复合材料固支方板受到质量为 16g、弹径为 12.7mm 的球头弹以及锥头弹丸撞击时的弹道极限速度。

图 3-12 给出了利用第 2 章提出的两种连续介质损伤力学本构模型（JSA model 和 IJIE model）数值模拟得到的结果与 Goldsmith 等[58]实验数据的比较。

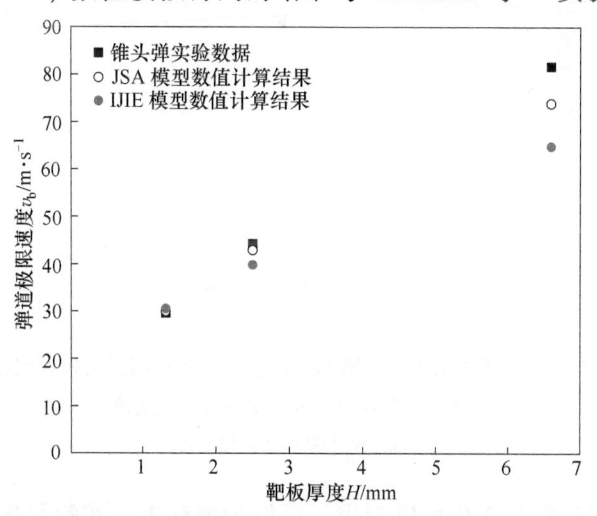

图 3-12 不同本构模型预测 CFRP 层合板受锥头弹侵彻时的弹道极限速度与实验数据[58]的比较

图 3-13 分别给出了由 JSA 模型和 IJIE 模型预测得到的球头弹、锥头弹侵彻两种厚度的 CFRP 靶板的弹道极限速度与 Ulven 等[59]的实验数据的比较。模型中所采用的参数值与平头弹侵彻 CFRP 层合板时所采用参数值相同，见表 3-1，这里就不再赘述。

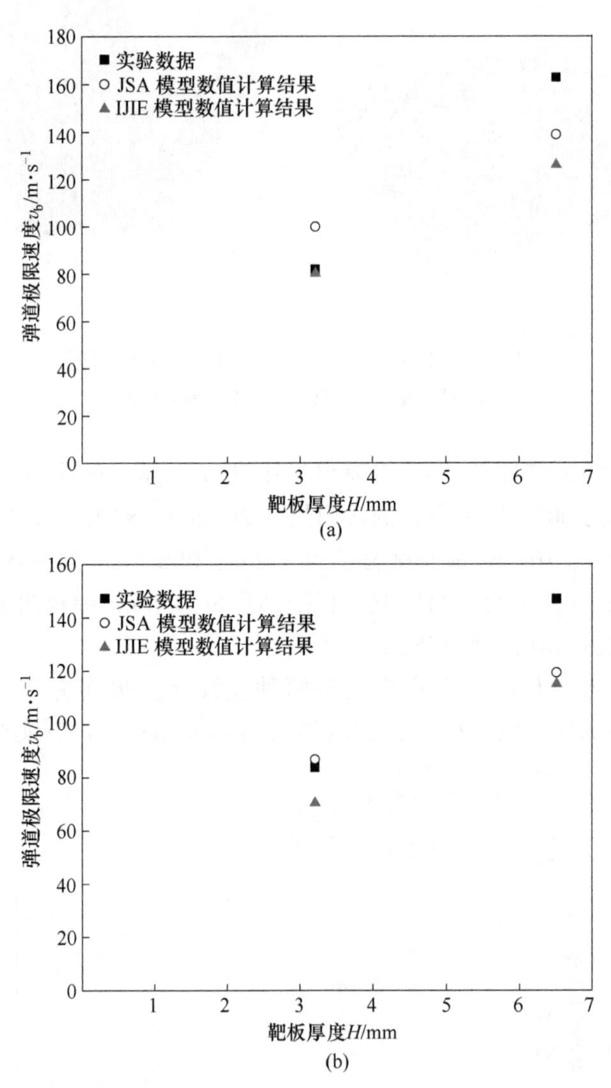

图 3-13　不同本构模型预测 CFRP 层合板受不同弹头弹丸侵彻的弹道极限速度与实验数据[59]的比较

(a) 锥头弹；(b) 球头弹

从图 3-12 和 图 3-13 中可以看出，模拟预测结果与实验数据有一定的偏差，由于文献［58］和［59］中并没有给出相关的材料参数值，并且没有找到与他们所用材料相近的材料的参数值，因此在这里的材料模型中所采用的参数值只是单纯地引用平头弹丸侵彻 CFRP（Graphite AS4/3501 Epoxy）层合板时的数据，因此可能导致计算结果出现很大的偏差。另外，现有材料是否对应变率敏感也没有找到相关证据，而在这里认为 CFRP 均为应变率不敏感材料，这样就有可能过低地预测其抗弹能力。从图 3-12 和图 3-13 中还可以看出，薄板的预测效果较厚板要好，这可能是因为当靶板较薄时，侵彻过程中靶板中应变率不敏感纤维的拉伸破坏占主要地位，而厚靶时弹坑周围基体、纤维的剪切破坏起主要作用。一般来说，碳纤维的应变率效应不敏感，而基体材料的性能是与应变率相关的。

3.2.2.2 GFRP 层合板

下面选择 Fan 等[60]的实验作为参考，比较了由第 2 章提出的 IJIE 模型预测的结果与实验结果，从而分析和验证模型的可靠性。Fan 等[60]通过落锤实验研究了球头弹以不同能量低速撞击织物 E 玻璃纤维增强环氧（E-glass/Epoxy）复合材料层合圆靶的响应。

采用不同厚度的靶板（0.4mm，0.8mm，1.6mm）受到质量为 1kg、弹径为 10mm、长度为 30mm 的球头弹以不同速度侵彻和贯穿，得到了靶板的损伤破坏形貌以及弹丸的载荷–位移曲线，分别比较了由第 2 章提出的引入断裂能方法的线性软化连续损伤模型（IJIE model）的数值模拟结果与 Fan 等[60]得到相应的实验结果。

图 3-14 给出了由 Fan 等[60]通过实验得到的 1.6mm 厚的 GFRP 层合板受到 3.5m/s 速度质量块正撞击后靶板正面与背面的破坏形貌图以及由第 2 章提出的引入断裂能方法的线性软化连续损伤模型（IJIE model）预测的有限元破坏云图。质量块为直径为 10mm、长度为 30mm 的半球头弹，总质量为 1kg，靶板为直径 50mm 的圆板。数值模拟中所采用的材料参数与表 3-2 相同。从图 3-14 可以看出靶板受到低速冲击时，随着弹丸的压入靶板在正面的弹着靶区域形成与弹直径大小接近的圆柱形弹坑，背面沿面内正交方向在中心区域形成“十”字交叉型裂纹，直至弹头穿透靶板；模型所预测的靶板正面以及背面的破坏形貌与实验得到的结果在形状和尺寸上都吻合较好。

图 3-15 分别给出了 0.4mm（4 层）和 0.8mm（8 层）厚的 GFRP 层合板被球头弹分别以 1.8m/s 和 3.0m/s 速度撞击下的载荷–位移曲线。边长为 100mm 的 GFRP 复合材料方板被固定于带有 72mm×72mm 方孔的方形钢板之间，因此在数值模拟中采用 72mm×72mm 的靶板，并在其四周施加固支边界条件。由于模型的对称性，只建立了靶板和弹丸的 1/4 模型，并在 x–z、y–z 对称面上施加对称约束，从而节约了计算资源，提高了计算速度，其有限元模型如图 3-11（a）所示。由图 3-15 中可以看出，模型所预测的曲线与实验所得到的曲线在形状上相似，

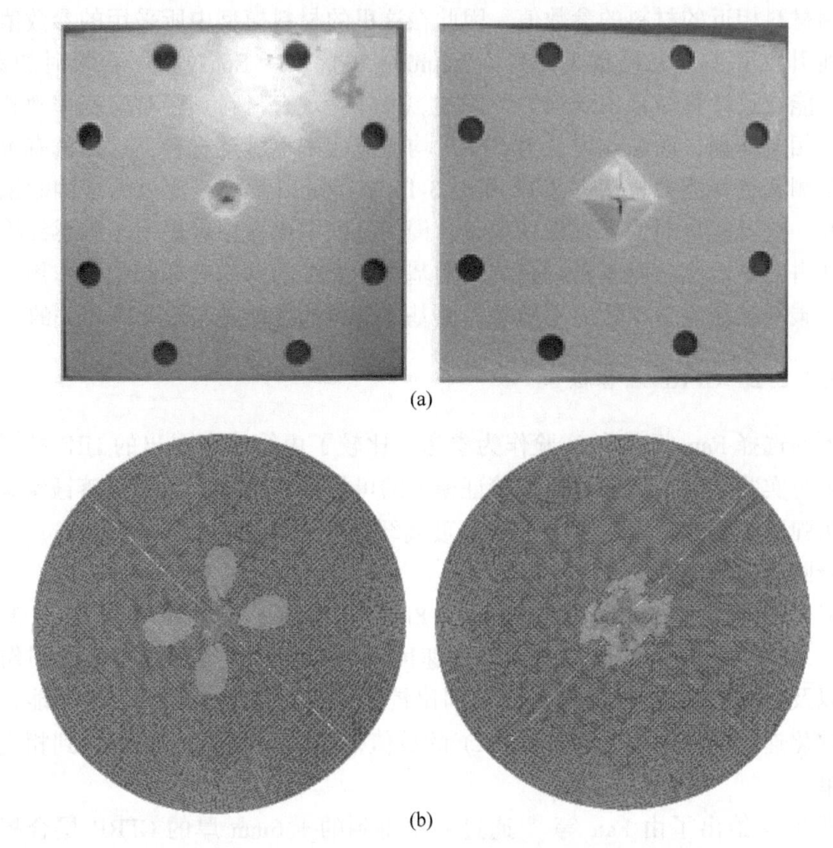

图 3-14　1. 6mm 厚 GFRP 层合板受到质量为 1kg、弹径为 10mm、长度为 30mm 的球头弹以 3. 5m/s 的速度侵彻过程中靶板正面、背面损伤状态比较
（a）实验结果[60]；（b）第 2 章模型数值模拟结果

尤其是曲线在达到最高值前，实验与预测曲线基本重合，但在曲线到达最大值之后，预测曲线明显高于实验曲线，模型预测的 0. 4mm 层合板的载荷最大值比实验约高 15%。

图 3-16 给出了 Menna 等[61]实验得到的载荷-位移曲线与第 2 章提出的引入断裂能方法的线性软化连续介质损伤力学模型（IJIE model）预测结果的比较。图 3-16（a）和（b）分别给出了 1. 92mm 厚 GFRP 层合板被质量为 3. 6kg、弹径为 16mm 的球头弹以 0. 67m/s（0. 8J）和 2. 15m/s（8. 3J）的速度撞击后的载荷-位移曲线。靶板为直径为 50mm、边界固支的圆靶。图 3-16 中发生的两种情况靶板都没有被穿透，数值模拟曲线与实验曲线在形状上有一定的可比性，但是存在一定的偏差。低能量撞击时预测的最大载荷比实验值稍低而较高能量撞击时预测的最大载荷比实验值稍高，所预测的弹丸最终位移比实验值偏大。

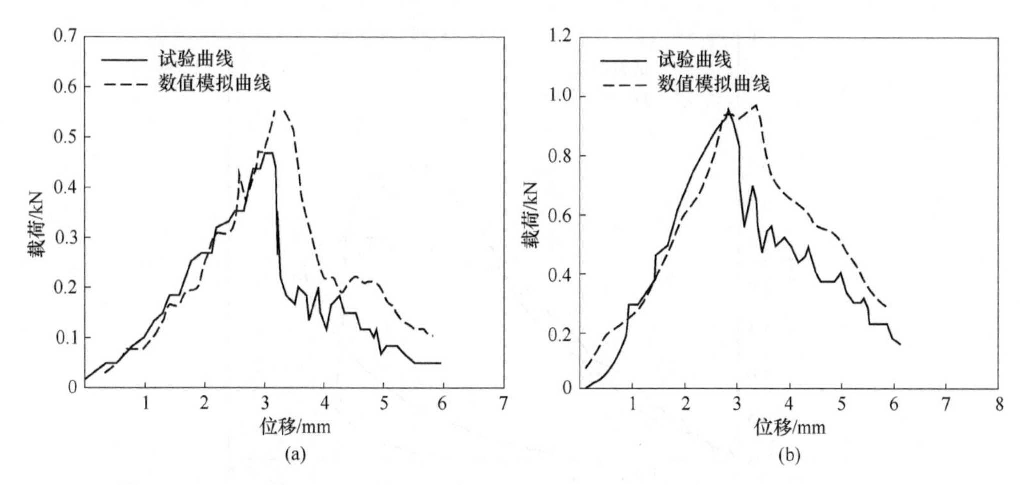

图 3-15 不同厚度 GFRP 层合板受到质量为 1kg、弹径为 10mm、长度为 30mm 的球头弹以不同能量贯穿过程的载荷-位移曲线[60]

(a) 厚度为 0.4mm 的靶板，撞击速度为 1.8m/s；(b) 厚度为 0.8mm 的靶板，撞击速度为 3.0m/s

图 3-17 分别给出了不同厚度的（4.07mm，8.17mm，16.49mm）织物铺层 GFRP（E-glass/Polyester）层合板受到弹径为 7.6mm，质量分别为 6g、12g 的球头弹和锥头弹高速冲击时的弹道极限速度与第 2 章提出的两种连续介质损伤力学模型（JSA model 和 IJIE model）预测结果的比较。从图 3-17 中发现，对薄靶而言，第 2 章提出的两种模型预测结果比实验值都稍低，随着靶板厚度的增加，JSA 模型预测的弹道极限速度与实验数据相比表现出偏高的趋势，而 IJIE 模型预测结果与实验数据吻合得较好。

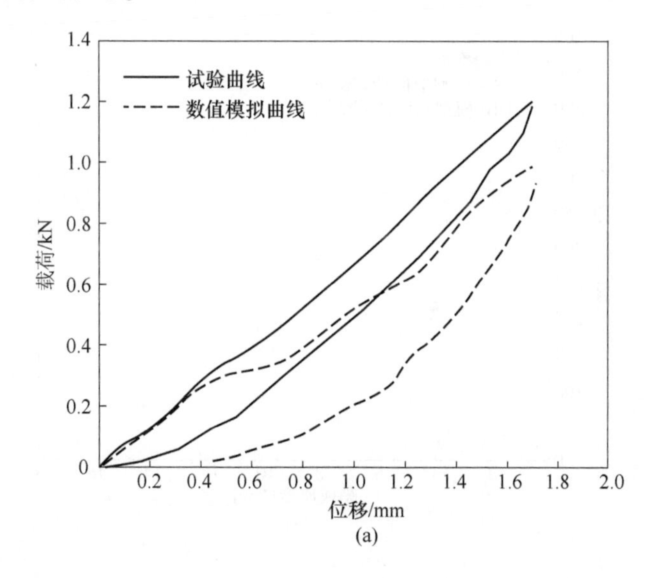

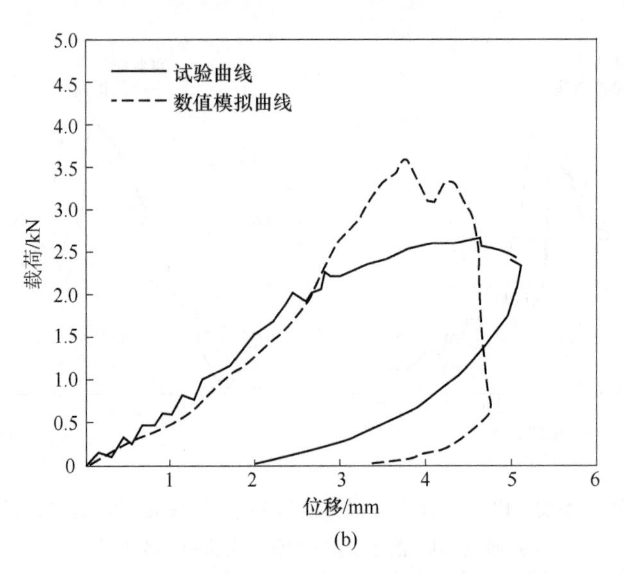

(b)

图 3-16　质量为 3.6kg、弹径为 16mm 的球头弹以不同的能量撞击 1.92mm 厚 GFRP 层合板时的载荷-位移曲线[61]

(a) 能量 0.8J；(b) 能量 8.3J

图 3-18 分别给出了不同厚度 GFRP 层合板受到弹径为 7.6mm，质量分别为 6g、12g 的锥头弹侵彻时的弹道极限速度的实验数据和第 2 章提出的两种连续介质损伤力学模型的预测结果的比较。从图 3-18 可以看出，IJIE 模型预测结果与实验数据吻合较好。而 JSA 模型预测结果大体上高于实验结果，并且两者的差异随着靶板厚度的增加表现出增加的趋势。

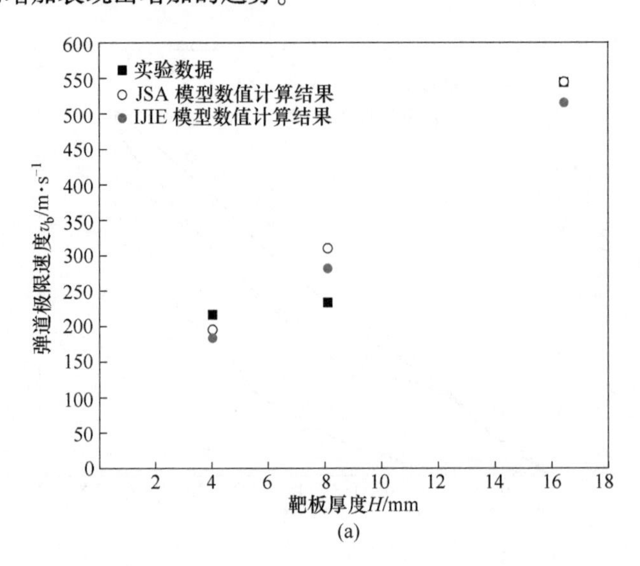

(a)

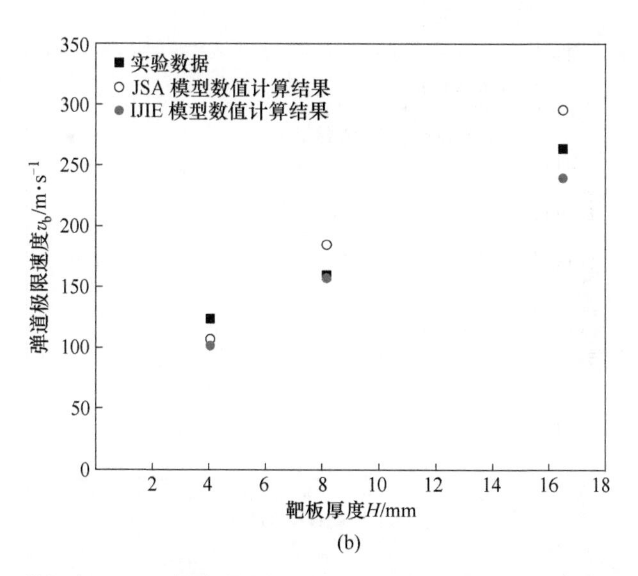

(b)

图 3-17 弹径为 7.6mm 的球头弹侵彻 GFRP 层合板时靶板的弹道极限速度的实验数据[61]与数值模拟结果的比较

（a）弹丸质量为 6g；（b）弹丸质量为 12g

Gellert 等[56]通过实验得到不同厚度（4.5mm，9.5mm，14mm，20mm）织物铺层 GFRP（E-glass/Vinylester）层合板受到锥头弹冲击时的弹道极限速度，图 3-19 给出了第 2 章提出的连续介质损伤力学模型 JSA 模型和 IJIE 模型预测结果与实验结果的比较。锥头弹丸的锥角为 90°，直径为 4.76mm，长度为 25.1mm，质量为 3.21g。从图 3-19 可以看出，第 2 章提出的两种连续介质损伤力学模型，即

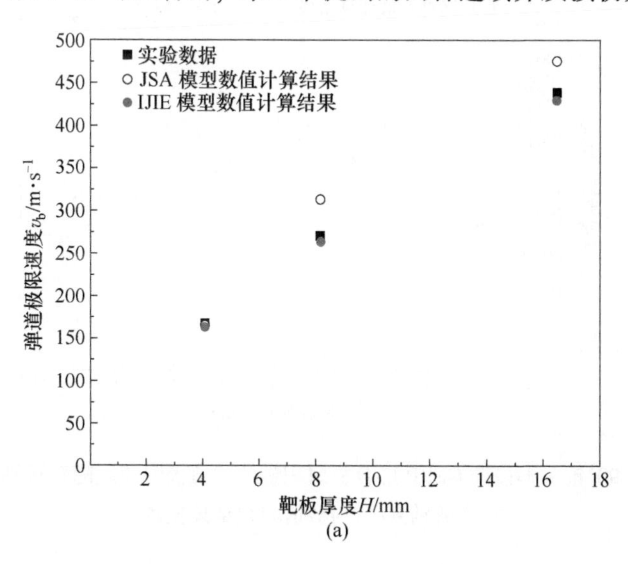

(a)

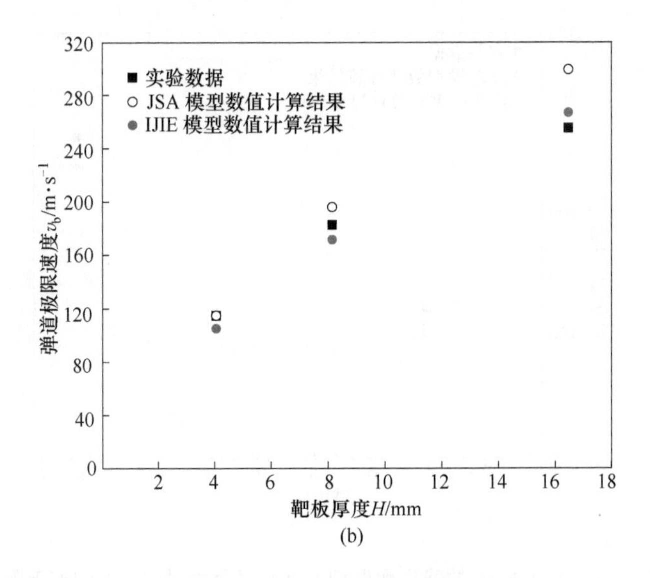

图 3-18　弹径为 7.6mm 的锥头弹侵彻 GFRP 层合板时靶板的弹道极限速度的实验结果[57]与数值模拟结果的比较

（a）弹丸质量为 6g；（b）弹丸质量为 12g

IJIE 模型与 JSA 模型预测结果与实验数据吻合得较好，IJIE 模型预测结果略低于实验数据，而 JSA 模型预测结果略高于实验数据。

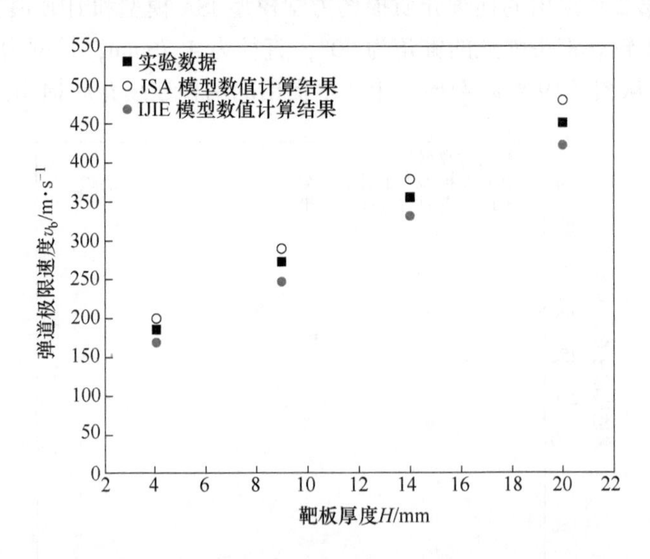

图 3-19　90°锥头弹侵彻 GFRP 层合板时靶板的弹道极限速度随靶板厚度变化的实验结果[56]与数值模拟结果比较

3.2.2.3 KFRP 层合板

图 3-20 给出了王元博等[39]实验获得的织物 KFRP（Kevlar29/Epoxy）层合板受到锥头弹侵彻时的残余速度与第 2 章提出的两种连续介质损伤力学模型（JSA model 和 IJIE model）预测结果的比较。锥头弹丸锥角为 90°，弹丸直径为 7.62mm，质量约为 5.2g；靶板尺寸为 180mm×200mm，厚度为 5mm。第 2 章提出的两种连续介质损伤力学模型中所采用的参数值见表 3-1。从图 3-20 可以看出，第 2 章提出的两种模型预测的残余速度与实验数据都吻合得较好。

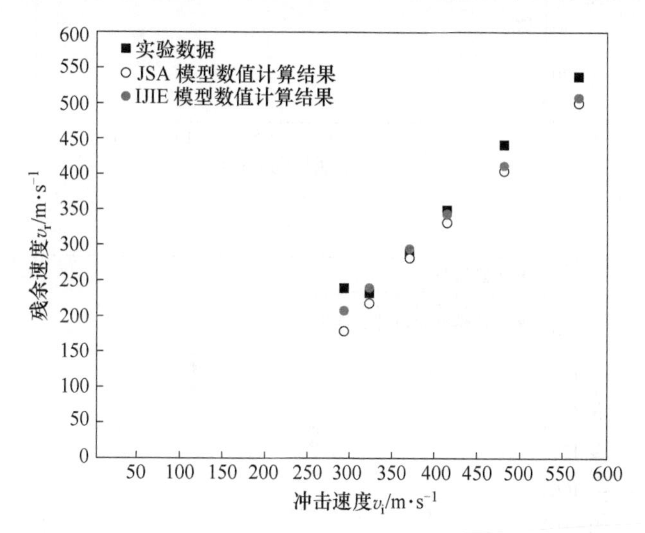

图 3-20 锥头弹侵彻 KFRP 层合板时弹丸残余速度的实验数据[39]与数值模拟结果的比较

图 3-21 给出了 Zhu 等[62]通过实验得到的不同厚度（3.1~15mm）KFRP 层合板（Kevlar29/Polyester）受到锥头弹侵彻时的弹道极限速度与第 2 章提出的两种连续介质损伤力学模型（JSA model 和 IJIE model）预测结果的比较。弹丸直径分别为 12.7mm 和 9.5mm，质量分别为 28.9g 和 15.4g；靶板为直径 114mm，边界固支的圆板。从图 3-21 中可以看出，第 2 章提出的两种模型给出的数值模拟结果与实验数据吻合得较好。IJIE 模型预测的弹道极限速度随着靶板厚度的增大而逐渐降低，尤其是在弹径较小（9.5mm）的情况下预测结果在靶板最厚时偏离实验值最大。

本章在前面工作的基础上，利用数值模拟与实验结果的比较验证了第 2 章提出的两种不同的连续介质损伤力学模型（JSA model 和 IJIE model）的可靠性和预测性。利用数值模拟研究了不同弹头弹丸侵彻不同材料纤维增强树脂基（GFRP、CFRP、KFRP）复合材料层合板的响应和穿透。数值模拟相关的算例包括不同形状、弹径和质量的弹丸，不同材料的 FRP 层合板，低速与高速冲击等情况。通

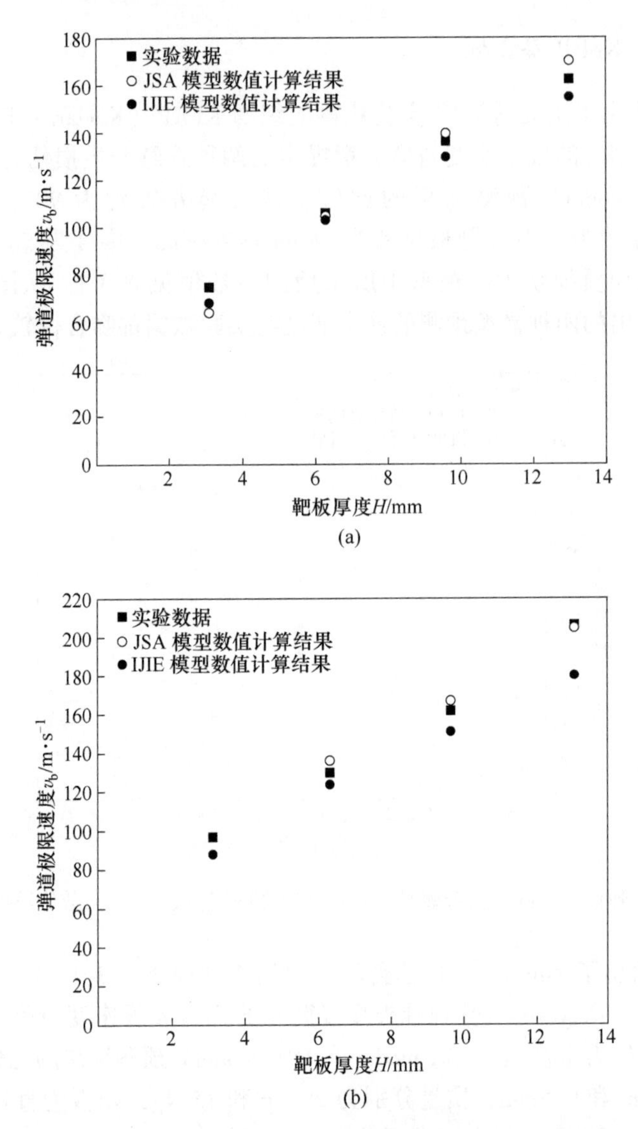

图 3-21 锥头弹侵彻 KFRP 层合板时靶板的弹道极限速度的实验数据[62]与数值模拟结果的比较

（a）弹丸直径为 12. 7mm；（b）弹丸直径为 9. 5mm

过将数值模拟结果与实验数据的比较，发现第 2 章提出的 JSA 模型以及 IJIE 模型在预测靶板弹道极限速度、破坏形貌以及弹丸残余速度、载荷-位移曲线等方面与实验结果相比吻合较好。但是，由于材料参数的不确定性以及模型本身的简化，随着靶板厚度的增大，预测结果的误差也会随着相应增大。

4 FRP 复合材料防护结构抗弹性能

在前面的几章中，介绍了不同纤维增强树脂基复合材料层合板（CFRP、GFRP、KFRP）的抗弹性能，验证了第 2 章所提出的连续介质损伤力学本构模型的可靠性。但是，FRP 层合板在实际工程应用中一般具有一定的曲率或形状，如雷达防护壳体、防弹头盔等。曲率可能会对 FRP 层合板的抗侵彻能力有影响，本章首先针对不同曲率的 FRP 层合板靶板抗弹能力进行数值模拟，研究曲率对靶板抗弹能力的影响；其次，构造了美军 PASGT 头盔的几何模型和有限元模型，研究典型的 Kevlar 防弹头盔的抗弹性能；最后，在保证头盔面密度不变的前提下，采用 S2 纤维增强树脂基层合板（GFRP）、铝合金替代一部分 Kevlar 纤维增强树脂基层合板（KFRP）头盔材料，研究三种材料的最优含量比例及铺层顺序，从而在保证头盔抗弹能力的同时尽可能节约成本。下面将从上述三方面进行具体研究和分析。

4.1 曲率对 FRP 层合板抗弹性能的影响研究

本节基于 van Hoof 等[63]的研究，利用 JSA 模型和 IJIE 模型研究曲率对 KFRP 层合板抗弹能力的影响。保持靶板其他条件，如面内尺寸（152.4mm × 101.6mm）、厚度（9.5mm）以及边界条件等不变，只改变靶板的曲率（分别为 $0m^{-1}$、$2.5m^{-1}$、$5m^{-1}$、$7.5m^{-1}$、$10m^{-1}$）。不同曲率的靶板分别受到 1.1g 碎片模拟弹（FSP）正撞击其中心位置，面内有限元网格划分情况如图 4-1 所示。在弹

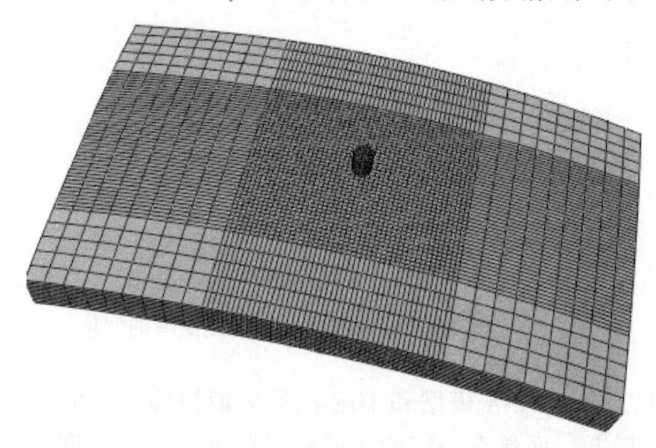

图 4-1 KFRP 层合板受 FSP 侵彻有限元模型上视图

丸着靶位置附近采用网格较小约为1mm，远离中心区域网格尺寸较大，不同曲率靶板的网格尺寸相同。

在数值模拟中，靶板材料参数以及弹丸相关参数均保持不变，见表4-1。图4-2给出了KFRP层合板在碎片模拟弹（FSP）撞击下的弹道极限随曲率的变化。

表4-1 JSA模型和IJIE模型所用KFRP层合板的参数值

参数	数值	参数	数值
ρ	1230kg/m^3	S_{12}	77MPa
E_{22}，E_{11}	17.99GPa	S_{23}，S_{31}	543MPa
E_{33}	1.95GPa	ν_{12}	0.08
G_{12}	1.857GPa	ν_{31}, ν_{32}	0.698
G_{23}	0.224GPa	$m_1 \sim m_7$	20.0
G_{31}	0.224GPa	δ_1^f，δ_2^f	2.25×10^{-2}mm
X_t，Y_t	555MPa	δ_3^f，δ_4^f	9.0×10^{-2}mm
X_c，Y_c	300MPa	δ_5^f	0.4×10^{-2}mm
Z_c	450MPa	δ_6^f	2×10^{-2}mm
Z_t	35MPa[119]	δ_7^f	2.5×10^{-2}mm

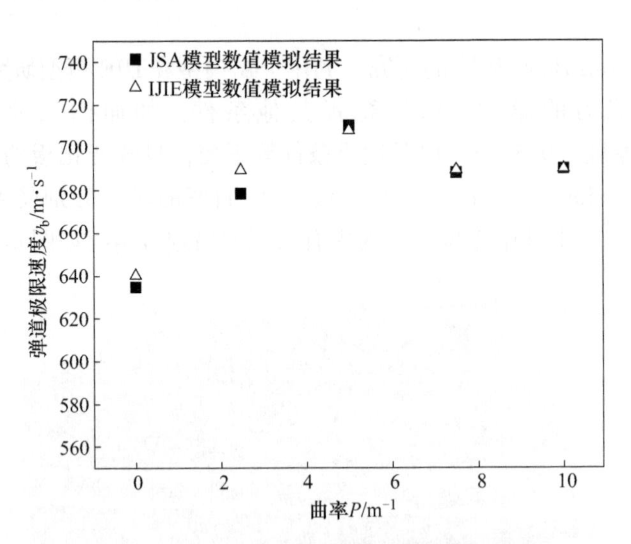

图4-2 KFRP靶板弹道极限速度随曲率的变化

从图4-2可以看出，JSA模型和IJIE模型数值模拟得到的结果类似，且平板的弹道极限速度最低，而具有一定曲率的球壳的弹道极限速度略高于平板，相差在10%左右。随着曲率的增大，靶板的弹道极限速度有先增大后减小、最终趋于稳定的趋势。在曲率为 $5.0m^{-1}$ 时，弹道极限速度达到极大值。从目前数值模拟结果的总体来看，有曲率的壳体结构比平板的抗能性能更优良一些，这与 Tham 等[64]的研究结论一致，但与 van Hoof 等[63]的结论相反。

图 4-3 为碎片模拟弹以 690m/s 的速度侵彻曲率为 $7.5m^{-1}$ 的 KFRP 靶板不同时刻的变形图。从图 4-3 中可以看出，靶板所受应力主要集中在弹体周围，靶板的整体变形较小，局部耗能是能量吸收的主要方式，主要包括弹体下方上材料压溃、弹体周围材料剪切失效、靶板背面纤维拉伸断裂等。同时，还发现弹丸在侵彻过程中发生了偏转。

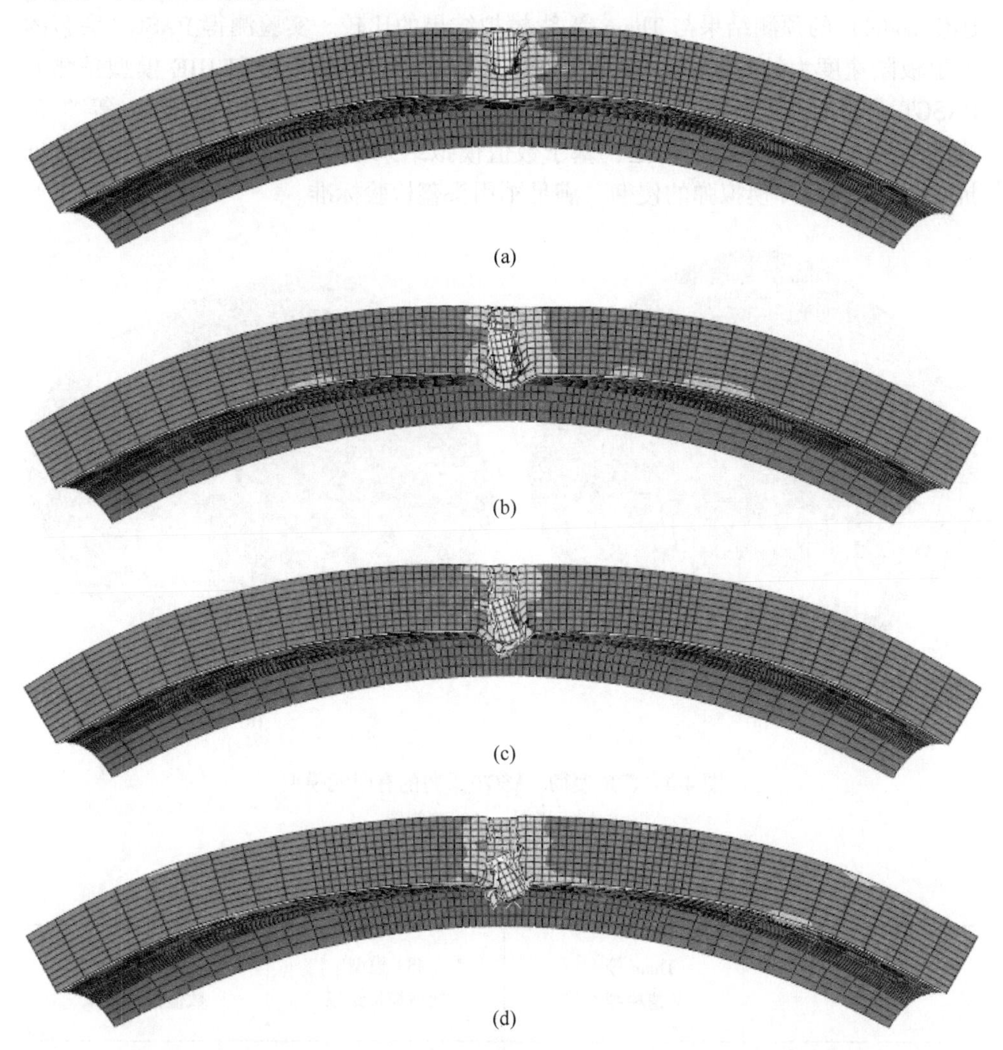

图 4-3 FSP 以 690m/s 速度侵彻曲率为 $7.5m^{-1}$ KFRP 靶板的变形剖面图

(a) $t=16\mu s$；(b) $t=32\mu s$；(c) $t=48\mu s$；(d) $t=64\mu s$

4.2 防弹头盔抗弹性能研究

前面研究了曲率对 FRP 层合板抗弹性能的影响以及不同组合形式的多层复合板的抗弹性能，这一节研究美国军用 PASGT 头盔的抗弹性能。图 4-4 为碎片模拟弹（FSP）侵彻 PASGT 头盔的有限元模型，头盔的长度、宽度分别约为 200mm、180mm，质量约为 1.5kg。数值模拟中所有 PASGT 头盔的材料参数值见表 4-1。表 4-2 给出了第 2 章提出的两个连续介质损伤力学模型（JSA model 和 IJIE model）的预测结果与 Tham 等[64]模拟结果的比较。实验测得 PASGT 头盔的弹道极限速度为约 663m/s。从表 4-2 中可以看出，JSA 模型和 IJIE 模型预测的 PASGT 头盔的弹道极限速度相近，两个模型的预测结果都略高于 Tham 等[64]预测的结果。这里应该指出的是，基于数值模拟结果可以看出 PASGT 头盔能够抵抗 610m/s 的碎片模拟弹的侵彻，满足军用头盔检验标准。

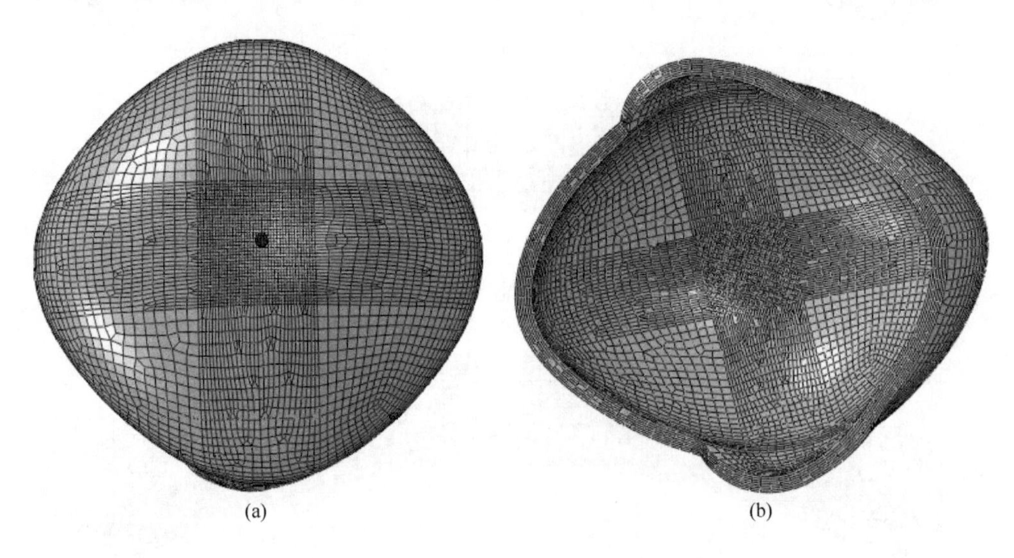

图 4-4 FSP 侵彻 PASGT 头盔的有限元模型
（a）上视图；（b）内视图

表 4-2 PASGT 头盔的弹道极限速度预测结果比较

模 型	Tham 等[64] 数值模拟结果	JSA 模型 数值模拟结果	IJIE 模型 数值模拟结果
弹道极限速度/$m \cdot s^{-1}$	680	710	700

4.3 多层复合板抗弹性能研究

由于 Kevlar 纤维增强树脂基（KFRP）层合板的造价较高，Kevlar 头盔的成本就会比其他普通材料制造的头盔成本高出很多倍。在不降低头盔抗弹性能以及舒适性的条件下，获得性价比更好的防弹头盔，利用 S2 玻璃纤维增强树脂（GFRP）基复合材料、铝合金（Aluminum Alloy，EN AW-7108 T6[65]）以及 Kevlar 纤维增强树脂基（KFRP）复合材料为组分材料，研究不同组合组成的多层复合板的抗弹性能。靶板的面内尺寸为 152.4mm×101.6mm，在保证面密度不变的情况下（面密度与 9.5mm Kevlar 头盔材料相同），改变组成成分的厚度和排列次序，通过数值模拟得到抗弹能力最优的复合板结构。JSA 模型和 IJIE 模型所用 KFRP、GFRP 层合板的参数值列于表 4-1 和表 4-3。铝合金采用均匀的各向同性弹塑性本构模型来描述，其密度为 2700kg/m^3，模量和泊松比分别设为 70GPa 和 0.33，屈服应力为 310MPa。数值模拟得到的不同材料组合的多层复合板的弹道极限速度见表 4-4。

表 4-3 用 JSA 模型模拟 FSP 侵彻复合材料结构中 GFRP 材料的参数值

参数	数值	参数	数值
ρ	1850kg/m^3	δ_1^f，δ_2^f	2.25×10^{-2}mm
E_{22}，E_{11}	27.5GPa	δ_3^f，δ_4^f	9.0×10^{-2}mm
E_{33}	11.8GPa	δ_5^f	0.4×10^{-2}mm
G_{12}	2.9GPa	δ_6^f	2×10^{-2}mm
G_{23}	2.14GPa	δ_7^f	2.5×10^{-2}mm
G_{31}	2.14GPa	ν_{12}	0.11
X_t	604MPa	ν_{31}，ν_{32}	0.42
Y_t	5604MPa	$m_1 \sim m_7$	4.0
X_c，Y_c	291MPa	S_{12}	75MPa
Z_t	58MPa	S_{23}，S_{31}	58MPa
Z_c	850MPa		

表 4-4 不同组成材料以不同方式组合后结构的弹道极限速度

材料	厚度/mm			v_b/m·s^{-1}		材料组成顺序（由上至下）
	GFRP（密度 1850kg/m^3）	铝合金（密度 2700kg/m^3）	KFRP（密度 1230kg/m^3）	JSA 模型	IJIE 模型	
1 号	1	—	8	625	—	GFRP-KFRP
2 号	2	—	6.5	628	—	GFRP-KFRP
3 号	3	—	5	630	—	GFRP-KFRP

续表 4-4

材料	厚度/mm			v_b/m · s^{-1}		材料组成顺序（由上至下）
	GFRP（密度 1850kg/m^3）	铝合金（密度 2700kg/m^3）	KFRP（密度 1230kg/m^3）	JSA 模型	IJIE 模型	
4 号	4	—	3. 48	625	—	GFRP-KFRP
5 号	5	—	2	618	—	GFRP-KFRP
6 号	6	—	0. 48	611	—	GFRP-KFRP
7 号	6. 32	—	0	597	—	GFRP-KFRP
8 号	0	—	9. 5	635	640	KFRP
9 号	2	1	4. 3	612	605	Al-GFRP-KFRP
10 号	2	1	4. 3	597	592	GFRP-Al-KFRP

由表 4-4 中可以看出，在保持多层复合板面密度不变的情况下，若只采用 GFRP 与 KFRP 层合板组合，随着 GFRP 层合板厚度的增大（KFRP 相应减小），靶板的抗弹能力总体呈降低趋势；但当 GFRP 为 3mm，KFRP 为 5mm 时弹道极限速度出现最大值。当组成材料为铝合金、GFRP 和 KFRP 时，按照 Al-GFRP-KFRP 的铺层顺序（1mm−2mm−4. 3mm）较按铺层顺序为 GFRP-Al-KFRP 的复合板抗弹能力强。

图 4-5 给出了碎片模拟弹（FSP）侵彻 Al-GFRP-KFRP 组合形式的复合板

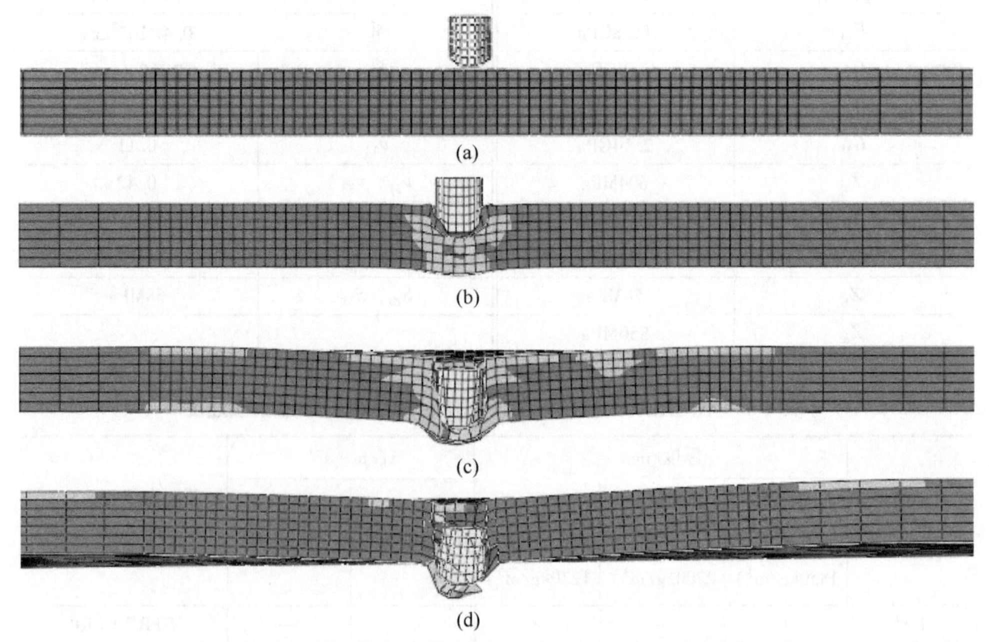

图 4-5　FSP 侵彻 Al-GFRP-KFRP 复合板变形剖面图
（a）$t=0\mu s$；（b）$t=10\mu s$；（c）$t=30\mu s$；（d）$t=50\mu s$

(表4-4 中2号) 的有限元模型以及不同时刻的破坏形貌。从图4-5 可以看出，随着弹丸的压入，靶板正面材料发生剪切破坏，背面出现鼓包，最终 FSP 贯穿复合靶板并伴随有纤维断裂以及靶板材料的冲出。

5 弹-复合材料头盔-头部数值模拟研究

在交通、运动、工地作业以及军事作战等各种人类的活动中，头盔作为主要的防护工具起到了重要的保护作用。几乎一半士兵的致命伤害都在头部。佩戴防护效果好的头盔能够有效地保护佩戴者免受来自外来物体冲击而对其头部造成的伤害，从而大大提高佩戴者存活的概率。当人的头部受到无论从哪个方向来的外来物体撞击时，头盔必须能够有效地吸收外来冲击，使得头部受到的冲击降低到人体可以承受的安全范围之内。在本章中，下面重点研究防弹头盔对人头部的防护效果。在弹道冲击情况下，尽管防弹头盔能够有效地阻挡弹丸或破片的穿透，但是不同程度的头部冲击创伤（impact trauma）仍然有可能发生。近年来，随着新型抗弹材料的研制和应用，防弹头盔抗弹和防护能力得到了不断提高。Kevlar纤维增强树脂基（KFRP）复合材料已广泛应用于防弹头盔中，如美军PASGT头盔，如图5-1所示；它主要是由Kevlar纤维增强酚醛树脂经过高温高压制造而成，质量大约为1.5kg。

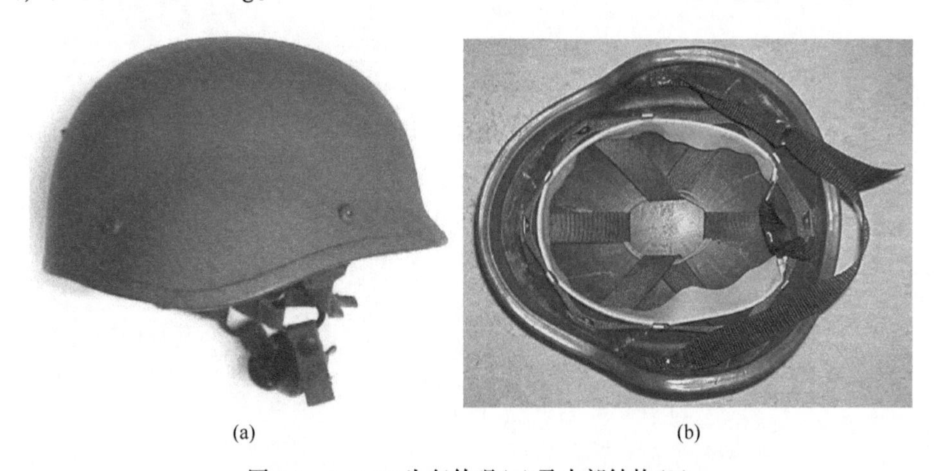

(a) (b)

图5-1 PASGT头盔外观(a)及内部结构(b)

相对于钢盔来说，PASGT头盔不仅质量大大降低，弹道防护能力也得到了很大提高。尽管如此，由于复合材料的各向异性、损伤耗能机制的复杂性，以及其他影响因素，例如弹丸的形状、质量、材料以及冲击速度、角度等，都会影响头盔的响应特征，这都增大了研究复合材料头盔弹道冲击问题的困难程度。如果再加上对人头部造成的损伤分析，以及实验材料获取的困难（人颅脑不易获得)、高额的实验费用和实验的不可重复性，都使得相应实验研究受到了很大的限制。数值模拟方法在一定程度上是比较有效的研究手段，为解决这些问题提供了可行途径。为了保证头盔佩戴人员的安全，深入研究和分析冲击条件下弹体-头盔-人头部整个系统的响应具有非常重要的意义。

现有的防弹头盔的测试标准主要有两种：（1）NIJ-STD-0106. 01 Type Ⅱ，358m/s full jacketed bullet 侵彻；（2）MIL-H-44099A，1. 1g 碎片模拟弹（FSP）以 610m/s 速度侵彻[64]。经前面第 4 章验证，现有的 PASGT 头盔能够满足上述（2）的测试标准，能够阻挡相应条件下的 1. 1g 碎片模拟弹（FSP）使其不能完全贯穿头盔，但是否对人的头部造成冲击创伤还需要进一步验证。例如，头盔内侧背板发生的变形有可能与头部发生直接接触造成颅骨开裂以及头部不同程度的创伤。因此，充分了解头盔在受到弹丸冲击时的响应、头盔与头部之间的作用以及头部的创伤程度，为研究人员更准确地分析整个弹丸-头盔-头部系统的冲击响应过程提供更加详细的信息，才能设计出更好的防弹头盔。

近几十年来，许多国内外的学者对弹道冲击条件下头盔的抗弹性能以及头盔-头部的响应进行了较深入的研究。Van Hoof 等[63]通过用 1. 1g 碎片模拟弹侵彻数值模拟研究了 Kevlar 头盔弹道冲击下的响应，认为等面密度的平板抗弹能力比具有一定曲率的头盔要高。另一方面，Tham 等[64]通过数值模拟分析了碎片模拟弹侵彻 Kevlar 层合板和头盔的响应，认为等面密度的头盔弹道极限速度要比平板的稍微高一些。随后 Van Hoof 等[66]又通过数值模拟方法分析了包含头部模型在内的头盔受到碎片模拟弹以 586m/s 的速度冲击时头颅内部所承受的压力，发现头盔背板的变形超过头盔与头部之间 20mm 的间隙使得背板与头部发生接触继而造成头部的创伤。

Yang 和 Dai [67] 通过数值模拟研究了头盔在弹道冲击下对头部产生的二次效应（rear effect)，建立了子弹-头盔-头部接近实际的有限元模型。利用 Head Injury Criterion（HIC）研究了头盔在弹丸打击角度（0°、22. 5°、45°、67. 5°）不同打击位置（顶、前额、枕部、侧面）作用时对头部伤害的影响。研究发现打击偏角越大，HIC 越小，对头部的损伤也越小，打击头脑枕部时对戴头盔者的危险最大，而打击头脑前额部位时造成的伤害最小。Aare 和 Kleiven [68] 基于有限元计算分析了头盔刚度和弹丸撞击角度对头部响应的影响，并给出了不同冲击条件下头部响应的详细信息，如：头盖骨的应力、脑组织的应变、脑组织的压力等，并作了总结比较。研究表明，若在冲击过程中发生了头盔与颅骨的接触，颅内应力会急剧增大；认为头盔的刚度不宜过大或过小，当冲击角度为 45°时所造成的脑组织内应变最大。

Willinger 等[69-71]通过实验和数值模拟方法验证了其建立的人头部有限元模型的可靠性，该模型建立了人头部的主要组织和结构，如头皮、面骨、颅骨、大脑脊液、大脑、小脑、脑干、小脑幕和大脑镰详细的有限元模型。该模型采用不同的单元类型描述头部的各个部分，采用不同的材料模型和参数描述了各部分的力学性能。但他们并没有研究头盔对头部的防护作用，只是完成了人头部有限元模型的构建。

在本章根据普通男性头部的几何形状，利用三维建模软件 Solidworks、网格划分软件 Hypermesh 建立了头部主要组成部分的有限元模型，并结合 PASGT 头盔的模型，通过有限元分析软件 Abaqus/Explicit，用数值模拟方法研究 PASGT 防弹头盔对人头部的防护效果。

5.1 PASGT 头盔以及人头部模型介绍

基于 PASGT 头盔的形状，利用建模软件 Solidworks 首先构建了头盔几何模型，再利用网格划分软件 Hypermesh 得到了头盔的有限元模型。头盔的厚度为 9.5mm，头盔的有限元模型如图 4-4 所示。

在 PASGT 头盔的模型中，没有考虑其内衬材料，以及依据头盔的设计标准头盔与头之间的间隔应为 13mm。第 2 章提出的两种连续介质损伤力学模型（JSA model 和 IJIE model）所用头盔参数值见表 4-1。碎片模拟弹在模拟中假设成为刚体，其几何模型和有限元模型如图 4-1 所示。

本章的主要目的是研究头盔-头部在碎片模拟弹（FSP）撞击下的响应，以及获得头盔与头部的详细信息（包括应力、应变、压力等），评估头部冲击损伤程度，为今后头盔材料选取和结构设计提供指导。数值模拟是否可靠取决于头盔和头部颅内各部分（包括头皮、颅骨、脑脊液、脑组织等）材料模型和参数值是否真实地反映了材料行为。头盔所采用的材料模型及其相关参数值已在第 4 章中得到了验证，人头部各部分所采用的材料模型将在下面作具体介绍。

人头部的结构组成非常复杂，从外到内主要由以下几部分构成：（1）头皮，头皮的平均厚度为 5～6mm，附着于颅骨最外层，构成保护颅脑的第一道防线[72]；（2）颅骨，颅骨各部分的厚薄不同，额部和顶部最厚，可达 1cm，颞鳞部及枕鳞部最薄，仅为 1～2mm，较硬的颅骨包覆于颅脑的外层构成了保护颅脑最有效的第二道防线；（3）脑膜及脑脊液，硬脑膜附着于颅骨内面包覆整个大脑。蛛网膜位于硬脑膜内侧，其与硬脑膜内层之间的空间含有少量的脑脊液（CSF），使脑处于液体环境中，缓冲脑组织受到的摩擦和震荡，形成了保护颅脑的第三道防线；（4）颅脑，颅脑分为大脑、小脑、间脑、脑干四部分，且被硬脑膜形成的突起隔开。

近几十年来，头部的有限元模型从最初的简单二维模型，已发展到现阶段与头部实际尺寸、组织结构都较接近的三维模型。虽然经历了不断完善和发展的过程，但是由于颅内各部分组织结构非常复杂，各部分组织结构之间的相互作用以及描述各部分组织结构的材料模型与参数的不确定性等多种原因，现阶段人头部的模型以及描述颅内各部分的材料模型依然存在着许多的简化与假设。尽管如此，建立尽可能详尽的几何模型，设置合适的边界条件和接触类型，采用更接近实际材料属性的各部分的材料模型以及高质量的网格，利用头部的有限元模型通过数值模拟方法仍然能够在很大程度上提供有效的信息，为研究分析以及未来的设计提供参考。

在本章中，利用 Solidworks 建立了弹头、头盔和人头部以及颈部的几何模型如图 5-2 所示，其中面部和颈部的增加只是为了保证头部的完整性，使得头部的质量、惯性以及边界条件与实际情况更加接近。由于造成人致命伤害的部位大都在头部，本章研究的重点在对头部的损伤分析，因此并没有对面部和颈部进行相关损伤研究。图 5-3 给出了不同视图下人头部的几何模型。

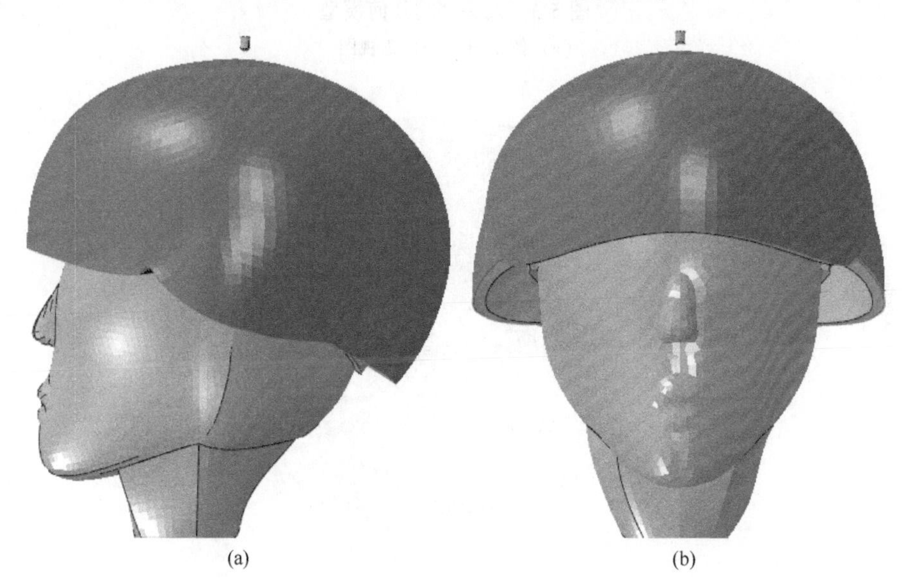

(a) (b)

图 5-2 FSP-头盔-人头部整个系统的几何模型

（a）侧视图；（b）正视图

在这里所建立的头部模型包括了头部最主要的组织结构，其详细信息如图 5-4 所示。从该图中可以看到，头部从外到内的主要组织结构依次为：头皮、颅骨、脑脊液、颅脑组织。脑组织包括大脑、小脑、脑干、间脑。分割大脑两半球的大脑镰以及分割大小脑的小脑幕也在模型中作了简单构造，如图 5-5 中墨绿色部分所示。

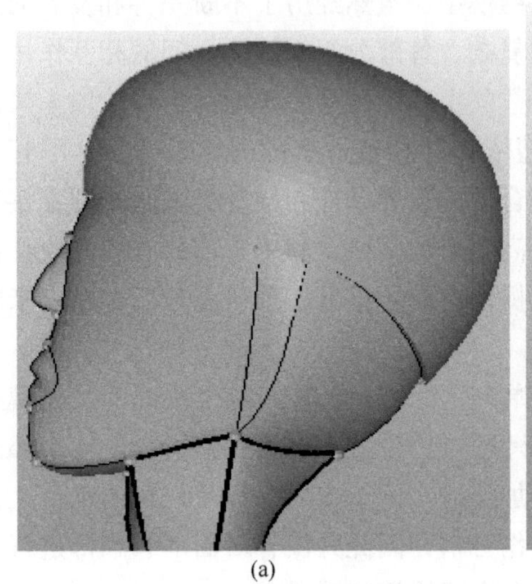

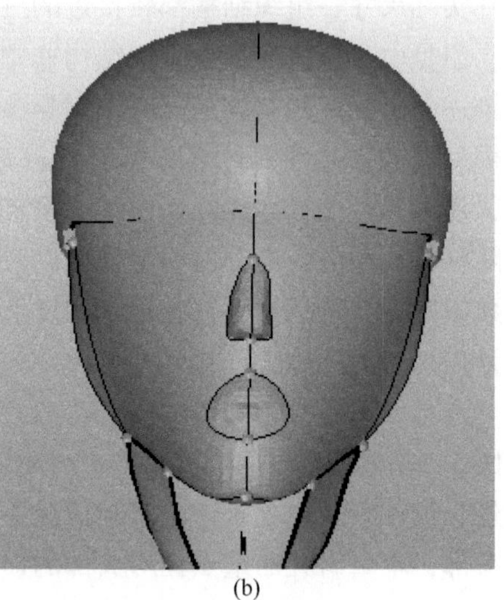

(a) (b)

图 5-3 人头部的几何模型

（a）侧视图；（b）正视图

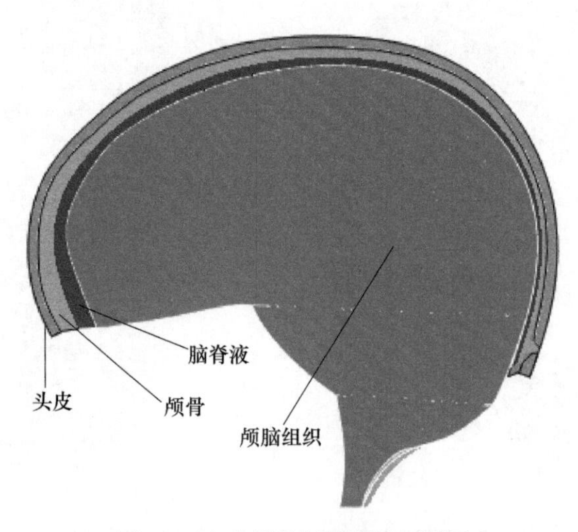

图 5-4 人头部几何模型的剖面图

由于头部模型结构和形状的复杂性，在普通的 ABAQUS 前处理中很难得到质量较高的网格，因此把建立的几何模型导入具有强大网格划分功能的 Hypermesh 软件，得到了较为理想的网格质量，其中弹丸、头盔、头皮、颅骨、脑脊液、脑组织、面部、颈部使用缩减积分的三维实体单元 C3D8R，大脑镰与小脑幕采用 shell 单元，各部分所用的材料参数以及单元数量分别列于表 5-1。弹-头盔-头部整个系统以及各部分的有限元模型分别如图 5-6 所示。

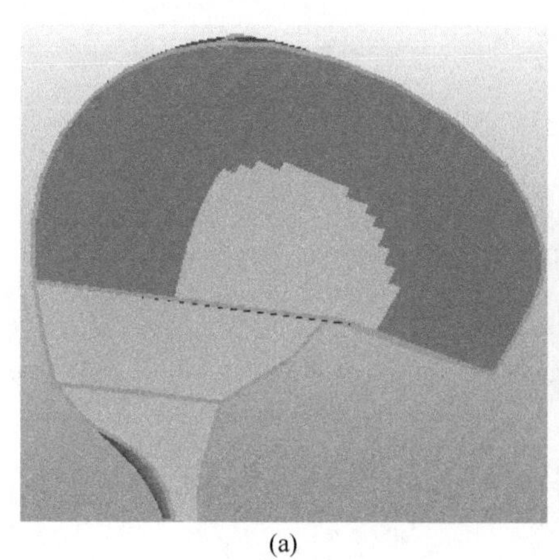
(a)

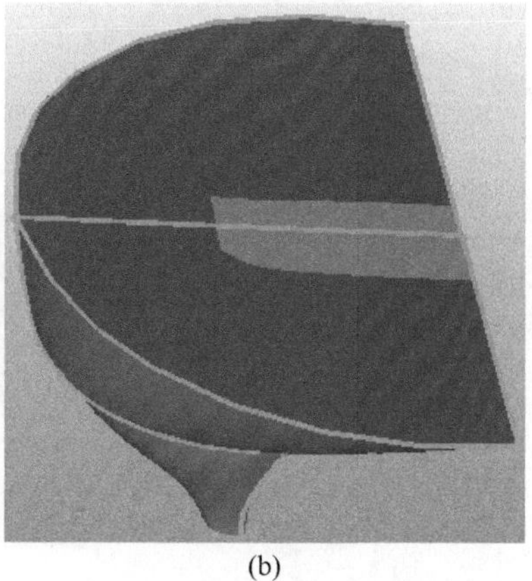
(b)

图 5-5 彩图

图 5-5 大脑镰和小脑幕的几何模型
（a）大脑镰；（b）小脑幕

表 5-1 头盔-头部各部分结构相关材料模型、参数及有限元信息

结构	材料模型	材料参数			单元类型	单元数量
头盔	IJIE 模型	见表 4-1			实体单元 C3D8R	69784
头部各组成部分						
结构	材料模型	材料性能参数值			单元类型	单元数量
		密度/kg · m^{-3}	模量	泊松比		
头皮	线弹性	1200	16.7MPa	0.42	实体单元 C3D8R	6134
颅骨	线弹性	1900	15GPa	0.21	实体单元 C3D8R	81852
脑脊液	线弹性	1040	0.012MPa	0.49	实体单元 C3D8R	40756
脑组织	黏弹性	1040	0.3375MPa	0.49	实体单元 C3D8R	37544
面部	线弹性	3000	5GPa	0.21	实体单元 C3D8R	2977
颈部	线弹性	3000	5GPa	0.21	实体单元 C3D8R	5082
大脑镰、小脑幕	线弹性	1900	0.0315MPa	0.45	壳单元 S4R	1137

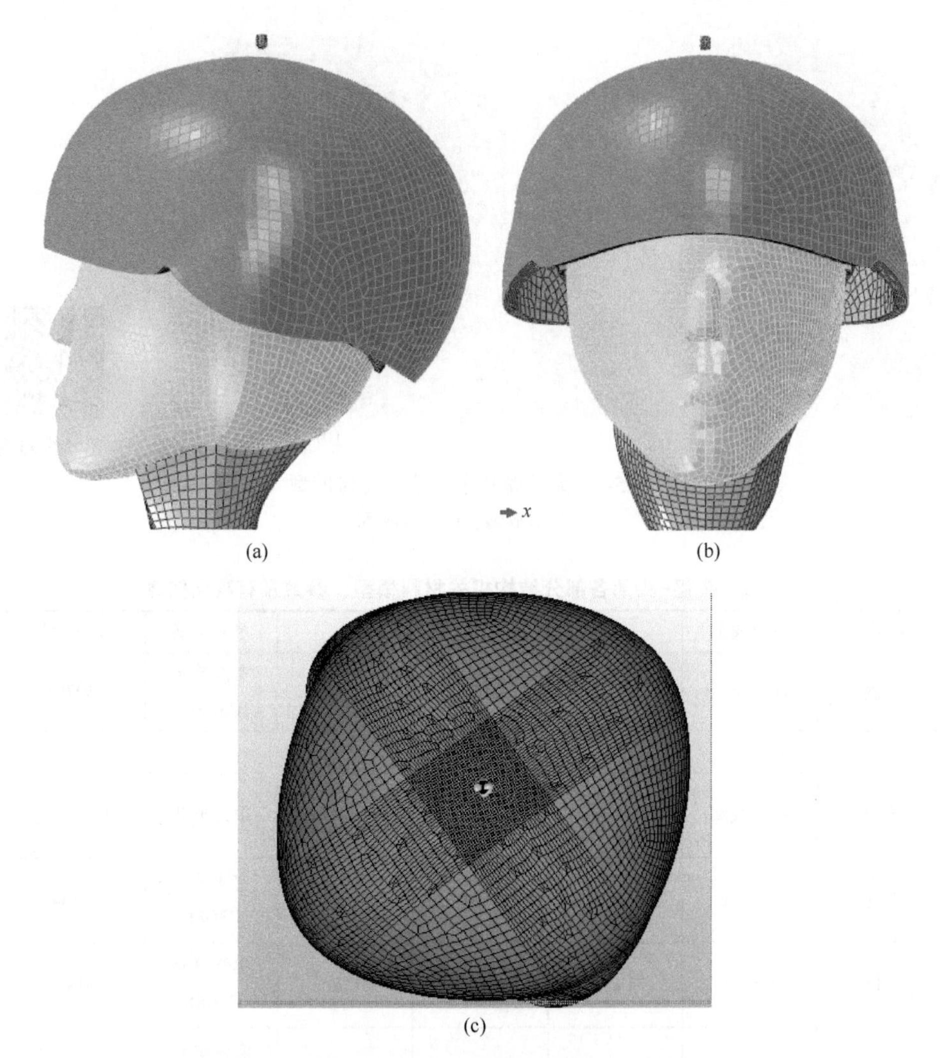

图 5-6　弹-头盔-人头部整个系统的有限元模型

（a）侧视图；（b）正视图；（c）上视图

头部整体的有限元模型如图 5-7（a）所示，除去面部和颈部后头部有限元模型的剖面视图如图 5-7（b）所示。从图 5-7（b）中可以看到，脑组织外依次包覆了三层不同的组织结构，从内到外分别为：脑脊液、颅骨和头皮组织。

图 5-8 给出了脑组织的整体侧视图以及剖面图，可以看出脑组织主要的部分包括大脑、小脑和脑脊髓（从上到下），以及其清晰的网格划分。

图 5-9 给出了分割大脑左右半球的大脑镰以及大脑、小脑的小脑幕两部分结构的有限元模型，由于两者组织特征较薄，因此在这里通过壳单元来表征。

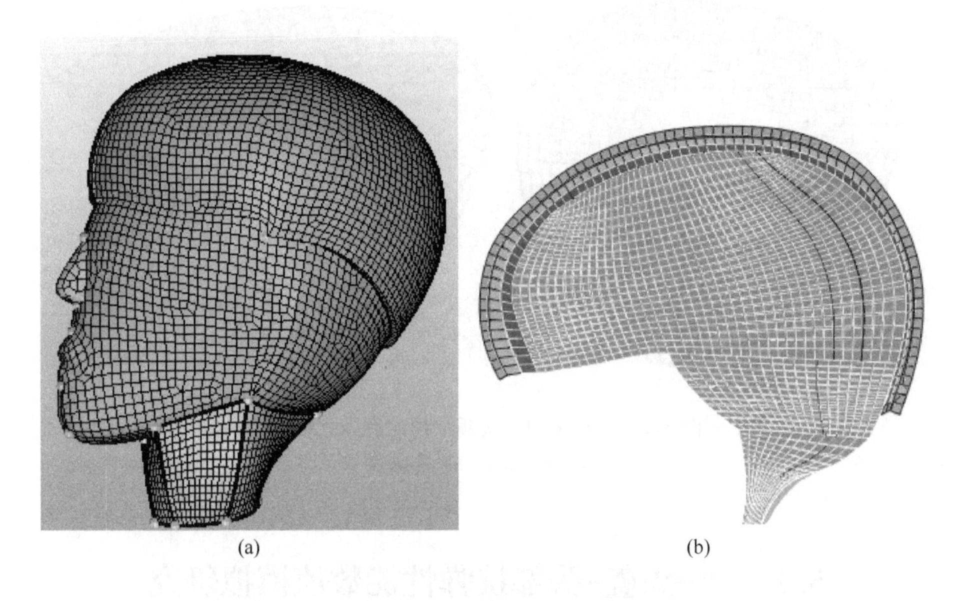

(a) (b)

图 5-7 人头部的有限元模型

（a）整体视图；（b）除去面部与颈部的剖面视图

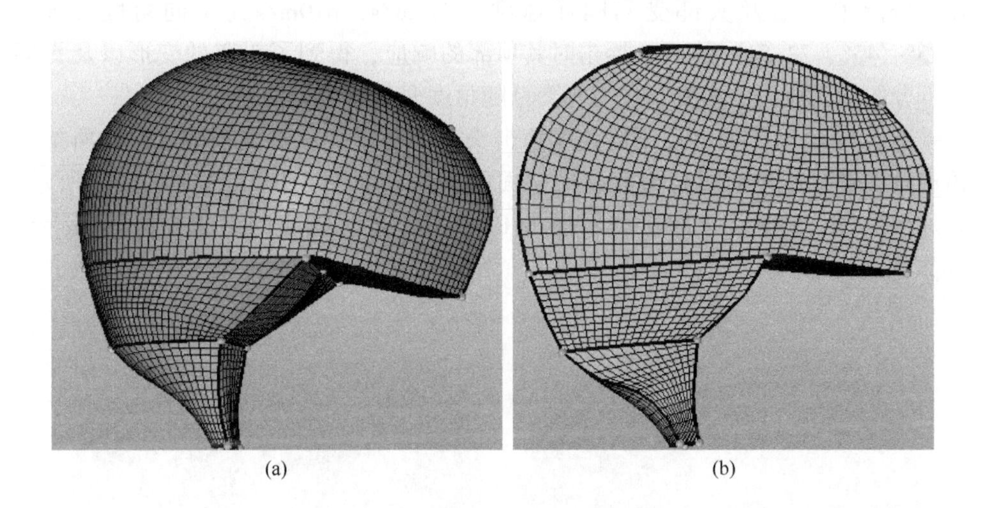

(a) (b)

图 5-8 脑组织结构的有限元模型

（a）整体视图；（b）剖面视图

上面所介绍的头盔以及头内部各部分模型的单元类型、单元数量、所采用的材料模型及相应的材料参数分别列于表 5-1 中。

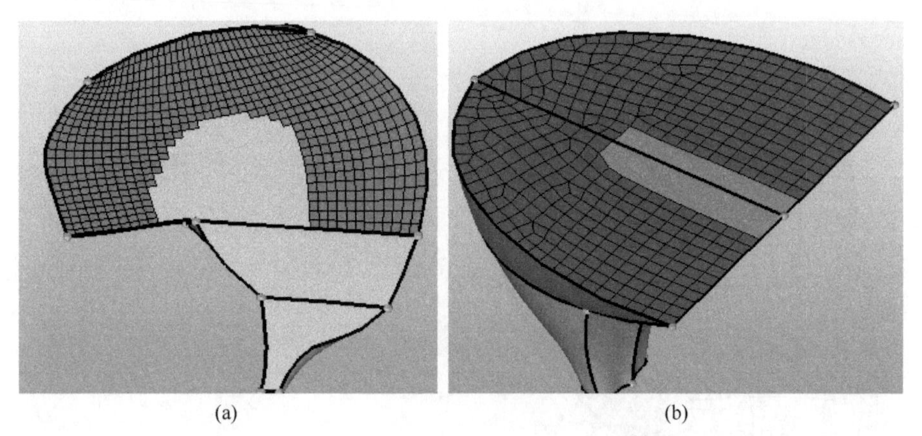

图 5-9 大脑镰和小脑幕结构的有限元模型
（a）大脑镰；（b）小脑幕

5.2 弹-头盔-头部抗弹性能数值模拟研究

为了研究冲击角度对 PASGT 头盔以及头部所受载荷的影响，本节通过数值模拟分析了头盔及头部受到同样速度（710m/s，610m/s）不同角度（90°、67.5°、45°、22.5°）的 FSP 撞击时其顶部的响应，得到了头盔的变形以及头部各部分的最大应力、应变、压力等变量随角度变化的相关信息。

图 5-10 给出了 FSP 以不同角度撞击头盔的有限元模型侧视图。这里所指的撞击角度是指弹丸轴线与头盔顶面切面的夹角，如图 5-10（a）中“θ”所示。碎片模拟弹（FSP）正撞击和斜撞击 PASGT 头盔时相应的着靶姿势如图 5-10（e）和（f）所示。

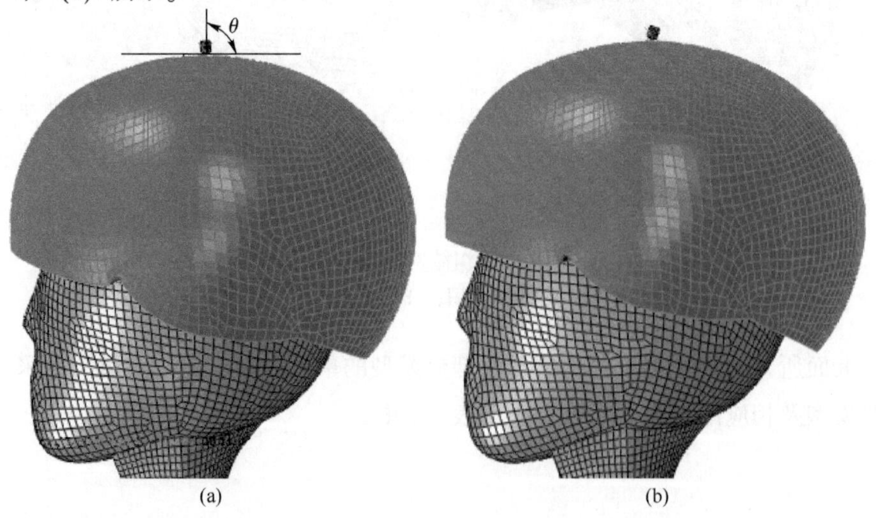

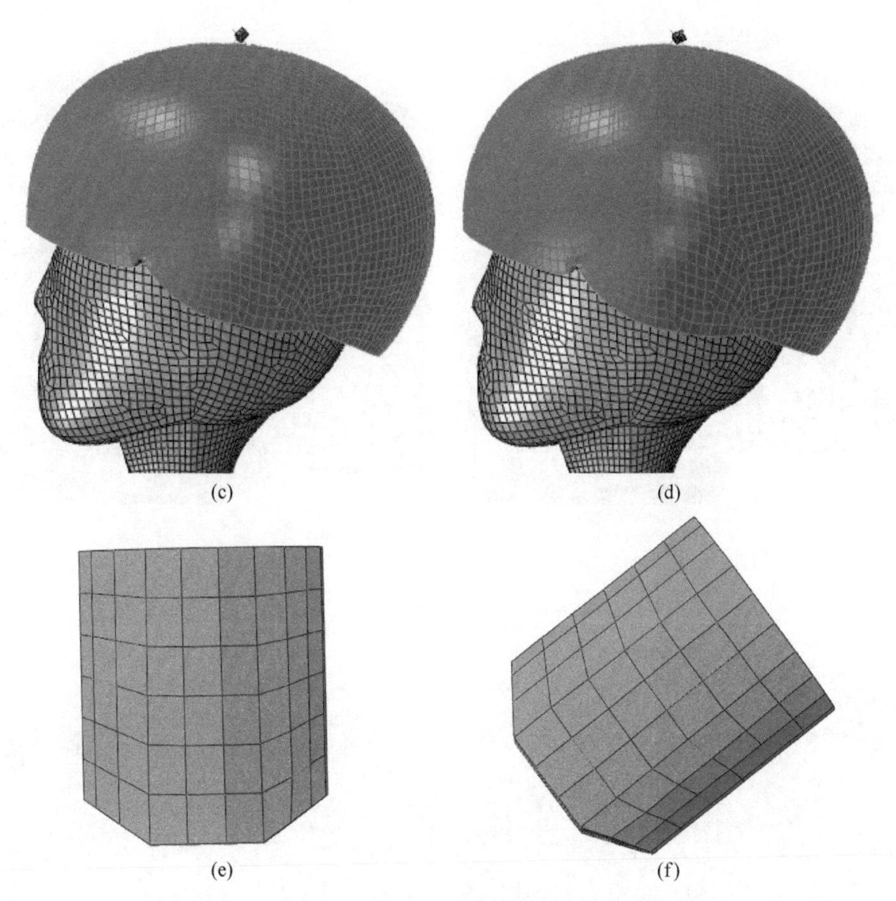

图 5-10 FSP 以不同角度撞击头盔顶部的有限元模型侧视图
(a) 撞击角度 90°; (b) 撞击角度 67.5°; (c) 撞击角度 45°; (d) 撞击角度 22.5°;
(e) 正撞击着靶姿势; (f) 斜撞击着靶姿势

图 5-11 给出了 JSA 模型预测头盔顶部受到 FSP 以不同角度撞击后，当 FSP 位移最大时系统的应力云图剖面图，图中的最大应力均为 100MPa。从图 5-11 可以看出，随着弹丸冲击角度的减小，即向水平方向倾斜越来越明显，弹丸从最初的穿透头盔与头部直接接触（90°，67.5°）到被夹在 Kevlar 头盔材料之中，未与头部接触（45°，22.5°）。

图 5-12 给出了 JSA 模型预测各角度撞击过程中颅内最大应力发生时各部分的应力云图剖面图，图中的最大应力均为 100MPa。从图 5-12（a）和（b）中可以看出，当弹丸穿透头盔与头部直接接触时，在两者的接触位置应力最大，随着与接触位置之间距离的增大，应力逐渐减小，最容易受到伤害的位置为弹丸与头部的作用位置，可能会出现颅骨的开裂。当弹丸撞击角度 θ 减小时（$\theta = 45°$，22.5°），弹丸未与头部发生直接接触，颅内所受应力较小；但当撞击角度为

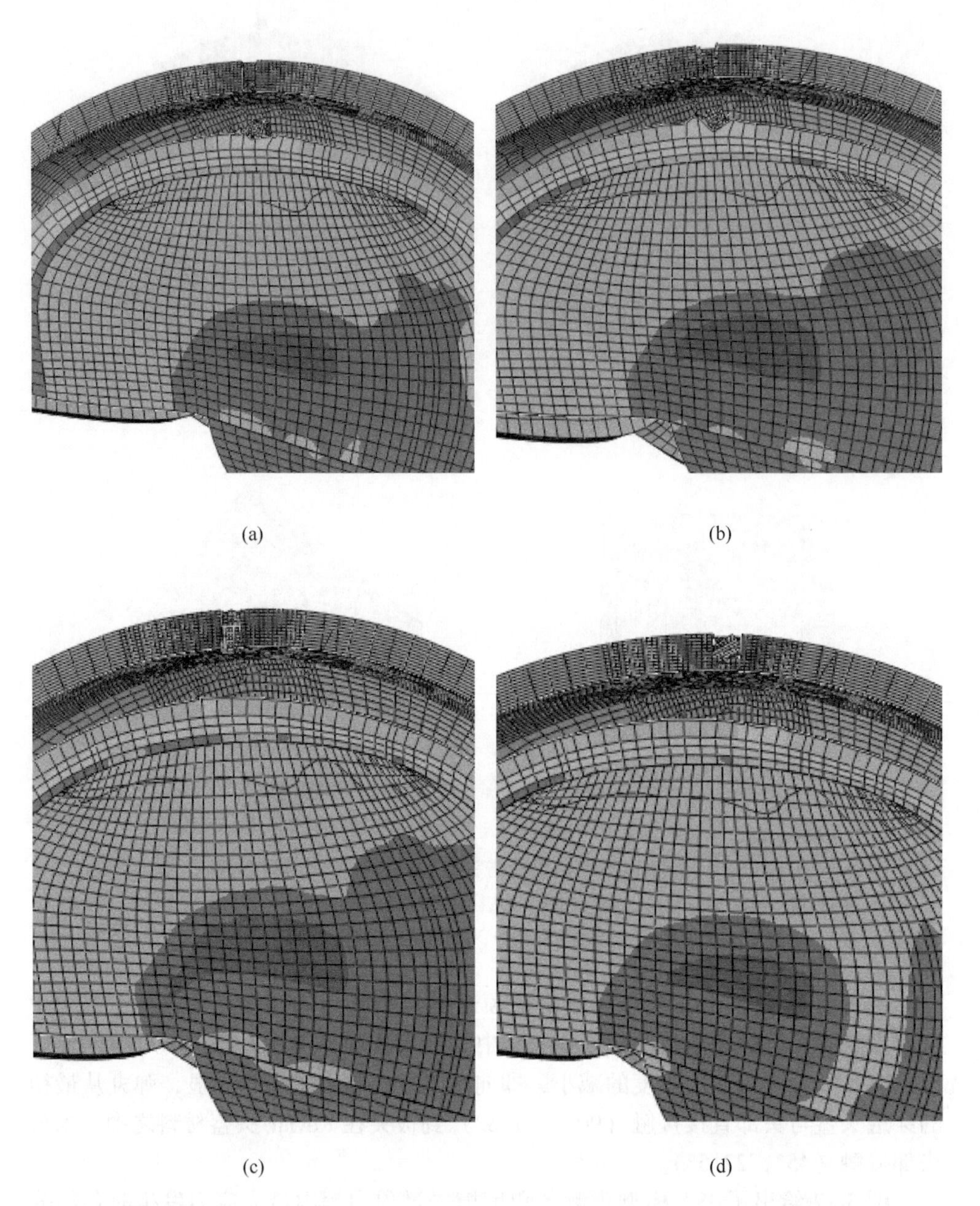

图 5-11　FSP 以 710m/s 速度不同角度侵彻头盔顶部系统的应力云图剖面图
(a) 撞击角度 90°；(b) 撞击角度 67.5°；(c) 撞击角度 45°；(d) 撞击角度 22.5°

22.5°时颅内所受应力较 45°时所受应力增大，所受如图 5-12 (c) 和 (d) 所示。表 5-2 给出了各角度冲击时颅骨以及脑组织的最大应力、压力、应变的相关信息。

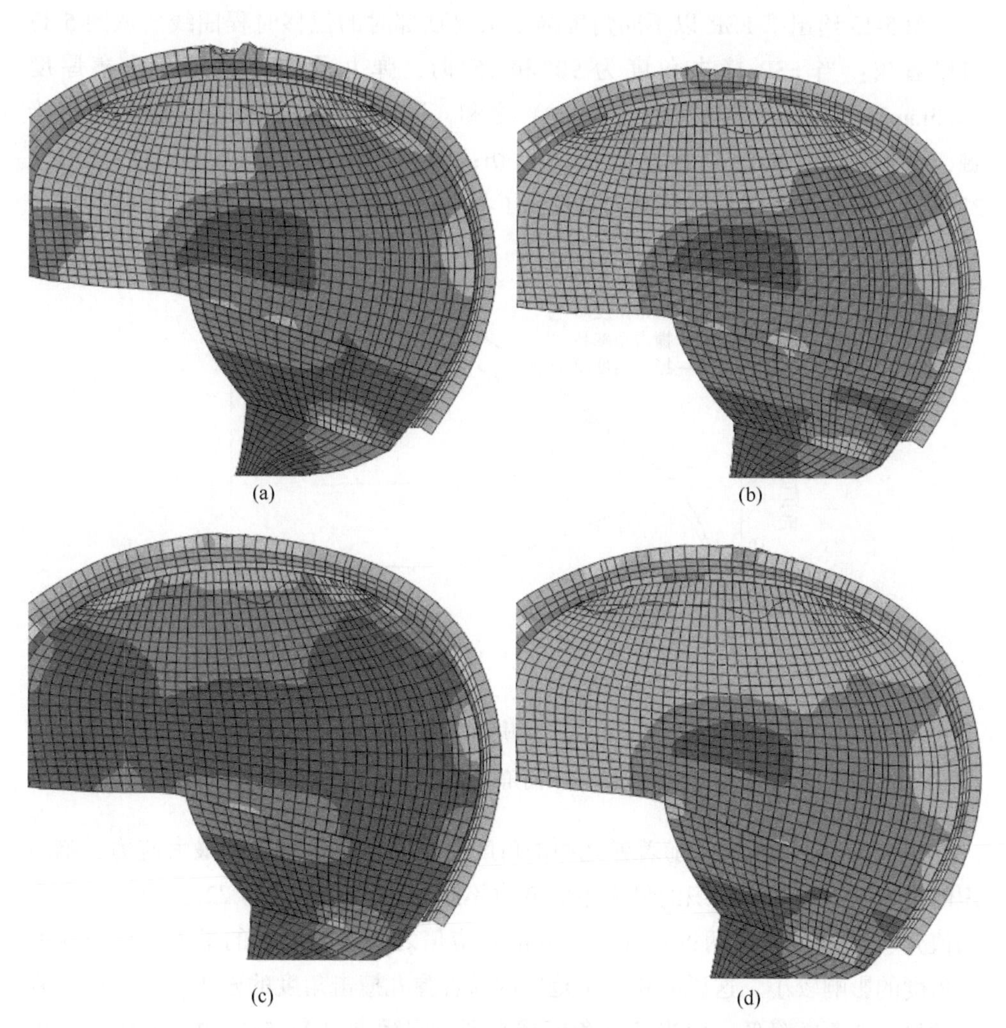

图 5-12 FSP 以不同角度撞击头盔顶部后颅内各部分应力云图剖面图

（a）撞击角度 90°；（b）撞击角度 67.5°；（c）撞击角度 45°；（d）撞击角度 22.5°

表 5-2 弹丸以不同角度撞击头盔顶部时颅内各部分的物理量参数值

冲击角度/(°)	是否穿透头盔	颅骨最大应力/MPa	脑组织最大正压力/MPa	脑组织最大负压力/MPa	脑组织最大主应变/%
90	是	88.7	0.16	-0.25	8.6
67.5	是	21.8	0.12	-0.28	7.3
45	否	16	0.03	-0.25	5.6
22.5	否	43.6	0.14	-0.23	7.8

图5-13给出了FSP以不同角度撞击头盔顶部时的位移时程曲线。从图5-13可以看出：当FSP撞击角度为90°和75°时，弹丸的位移超过了头盔厚度（9.5mm）与头盔-头部间距（13mm）之和，进而发生了弹丸与头脑的直接接触，可能造成严重的颅骨及脑组织创伤；而当FSP冲击角度较小时（45°、22.5°），弹丸被夹在头盔材料之间避免了与头脑的直接碰撞。

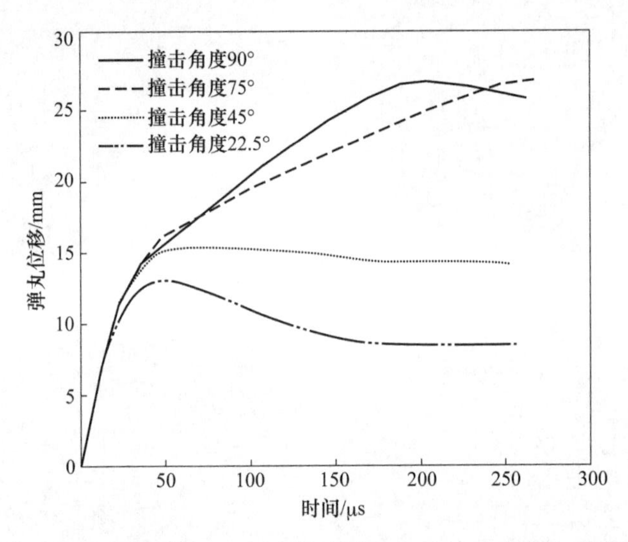

图5-13 JSA模型预测FSP以不同角度撞击PASGT头盔的位移时程曲线

从表5-2可以看出，随着弹丸冲击角度的减小，颅骨所受的最大应力、脑组织的最大压力以及脑组织的最大主应变也不断减小；当角度为22.5°时各种参量的值介于90°与67.5°两种情况所得到的相应值之间；脑组织的最大负压力受冲击角度的影响较小。这说明在一定范围内随着弹丸撞击角度的减小，人头部受到的危险性会不断降低，但当撞击角度减小到一定程度（22.5°）也有可能使头内部受到比较严重的伤害。

图5-14给出了头盔受到FSP以610m/s不同角度撞击其顶部时头盔背板中心点的位移时程曲线，可以看出头盔背板最大位移发生在撞击角度为67.5°的情况下而不是发生在撞击角度为90°的情况下，且最大位移约为3mm，没有超过头盔与头部之间的间隔，因而未发生头盔与头部的直接接触，头部受创伤程度较小。

图5-15给出了头盔受到FSP以不同角度撞击其顶部时颅骨顶部中心点的应力、压力时程曲线，可以看出颅骨顶部中心点处所受应力、压力随着撞击角度的增大而增大，且当撞击角度为22.5°时颅骨顶部中心点处几乎不受应力、压力作用。

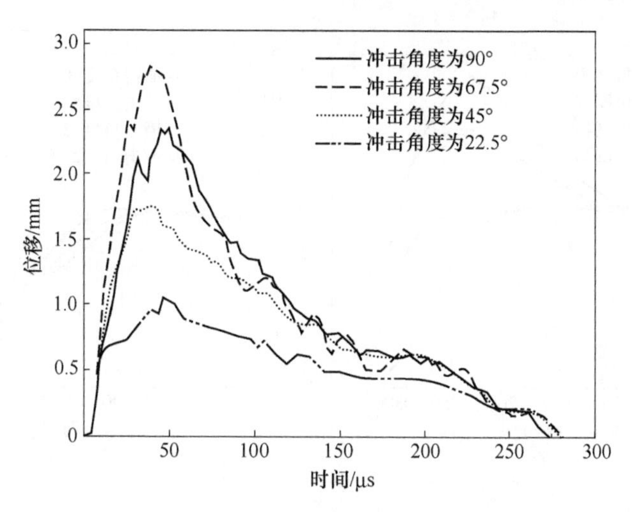

图 5-14 JSA 模型预测 FSP 以 610m/s 不同角度撞击 PASGT 头盔背板中心点的位移时程曲线

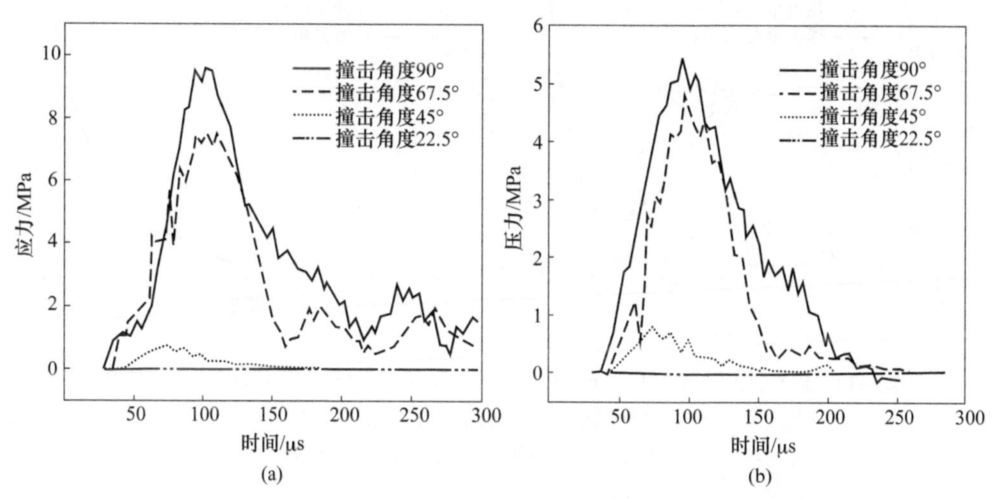

图 5-15 JSA 模型预测 FSP 以 610m/s 不同角度撞击 PASGT 头盔颅骨顶部中心点的应力、压力时程曲线

（a）应力时程曲线；（b）压力时程曲线

图 5-16 给出了头盔受到 FSP 以不同角度撞击其顶部时颅内脑组织不同位置某一单元的压力时程曲线。从图 5-16（a）和（c）可以看出，颅内脑组织顶部以及前部所受到的最大压力随着撞击角度的减小而减小；图 5-16（a）表明脑组织顶部所受压力从初始的正压力逐渐变为负压力，且负压力的最大值随着撞击角度的减小而增大；从图 5-16（d）可以看出，脑组织枕部位置所受的负压力在撞击角度为 45°时最大。综合比较各位置所受压力极值，颅内脑组织所受最大压力从大到小依次发生在脑组织的顶部、前部、枕部、中部位置。

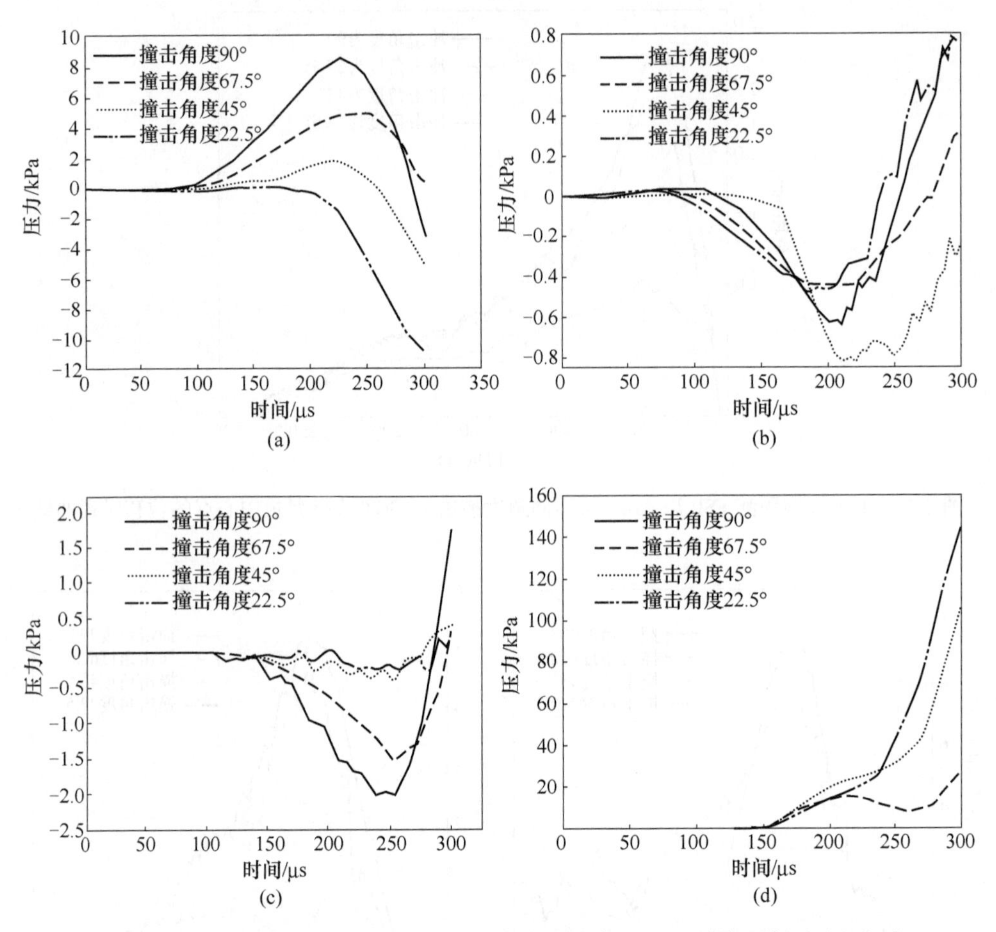

图 5-16 JSA 模型预测 FSP 以 610m/s 不同角度撞击 PASGT 头盔顶部时脑组织内不同位置某一单元的压力时程曲线

(a) 顶部；(b) 中部；(c) 前部；(d) 枕部

参考文献

[1] 张彦．纤维增强复合材料层合结构冲击损伤预测研究［D］．上海：上海交通大学，2007.

[2] 古兴瑾．复合材料层板高速冲击损伤研究［D］．南京：南京航空航天大学，2011.

[3] 沈观林，胡更开．复合材料力学［M］．北京：清华大学出版社，2006：3-10.

[4] ABAQUS6.6 基础教程与实例讲解［M］．北京：中国水利水电出版社，2008：1-3.

[5] DONADON M V, IANNUCCI L, FALZON B G, et al. A progressive failure model for composite laminates subjected to low velocity impact damage [J]. Computers & Structures, 2008, 86 (11): 1232-1252.

[6] HASHIN Z. Failure criteria for unidirectional fiber composites [J]. Journal of Applied Mechanics, 1980, 47 (2): 329-334.

[7] CHANG F K, CHANG K Y. A progressive damage model for laminated composites containing stress concentrations [J]. Journal of Composite Materials, 1987, 21 (9): 834-855.

[8] 江大志，沈为，王兴业，等．层合复合材料冲击损伤破坏过程研究（Ⅱ）宏观破坏准则［J］．复合材料学报，1997，14（4）：119-124.

[9] 江大志，沈为，彭立华，等．层合复合材料冲击损伤破坏过程研究（Ⅰ）数值分析［J］．复合材料学报，1997，14（3）：130-135.

[10] HOU J P, PETRINIC N, RUIZ C, et al. Prediction of impact damage in composite plates [J]. Composites Science and Technology, 2000, 60 (2): 273-281.

[11] HOU J P, PETRINIC N, RUIZ C. A delamination criterion for laminated composites under low-velocity impact [J]. Composites Science and Technology, 2001, 61 (14): 2069-2074.

[12] LUO R K. The evaluation of impact damage in a composite plate with a hole [J]. Composites Science and Technology, 2000, 60 (1): 49-58.

[13] NAIK N K, CHANDRA S Y, MEDURI S. Damage in woven-fabric composites subjected to low-velocity impact [J]. Composites Science and Technology, 2000, 60 (5): 731-744.

[14] MATZENMILLER A, LUBLINER J, TAYLOR R L. A constitutive model for anisotropic damage in fiber-composites [J]. Mechanics of Materials, 1995, 20 (2): 125-152.

[15] WILLIAMS K V, VAZIRI R. Application of a damage mechanics model for predicting the impact response of composite materials [J]. Computers & Structures, 2001, 79 (10): 997-1011.

[16] WILLIAMS K V, VAZIRI R, POURSARTIP A. A physically based continuum damage mechanics model for thin laminated composite structures [J]. International Journal of Solids and Structures, 2003, 40 (9): 2267-2300.

[17] VAN Hoof J, WOESWICK M J, STRAZNICKY P V, et al. Simulation of ballistic impact response of composite helmets [C] //Proceedings of the 5th international LS-DYNA users conference, 1998.

[18] LADEVEZE P, ALLIX O, DEÜ J F, et al. A mesomodel for localisation and damage computation in laminates [J]. Computer Methods in Applied Mechanics and Engineering, 2000, 183 (1): 105-122.

[19] JOHNSON A F. Modelling fabric reinforced composites under impact loads [J]. Composites

Part A: Applied Science and Manufacturing, 2001, 32 (9): 1197-1206.

[20] JOHNSON H E, LOUCA L A, MOURING S, et al. Modelling impact damage in marine composite panels [J]. International Journal of Impact Engineering, 2009, 36 (1): 25-39.

[21] HOCHARD C, PAYAN J, BORDREUIL C. A progressive first ply failure model for woven ply CFRP laminates under static and fatigue loads [J]. International Journal of Fatigue, 2006, 28 (10): 1270-1276.

[22] HOCHARD C, PAYAN J, BORDREUIL C. A progressive first ply failure model for woven ply CFRP laminates under static and fatigue loads [J]. International Journal of Fatigue, 2006, 28 (10): 1270-1276.

[23] THOLLON Y, HOCHARD C. A general damage model for woven fabric composite laminates up to first failure [J]. Mechanics of Materials, 2009, 41 (7): 820-827.

[24] IANNUCCI L. Progressive failure modelling of woven carbon composite under impact [J]. International Journal of Impact Engineering, 2006, 32 (6): 1013-1043.

[25] IANNUCCI L, ANKERSEN J. An energy based damage model for thin laminated composites [J]. Composite Science and Technology, 2006 (96): 934-951.

[26] DONADON M V, IANNUCCI L, FALZON B G, et al. A progressive failure model for composite laminates subjected to low velocity impact damage [J]. Computers & Structures, 2008, 86 (11): 1232-1252.

[27] LAPCZYK I, HURTADO J A. Progressive damage modeling in fiber-reinforced materials [J]. Composites Part A: Applied Science and Manufacturing, 2007, 38 (11): 2333-2341.

[28] HARDING J. The high speed punching of woven-roving glass-reinforced composites [C] // Inst. of Physics Conf. Ser., 1979 (47): 318-30.

[29] HARDING M M, RUIZ C. The mechanical behaviour of composite materials under impact loading [J]. Key Engineering Materials, 1997 (141): 403-426.

[30] HARDING J, WELSH L M. A tensile testing technique for fiber-reinforced composites at impact rates of strain [J]. Journal of Material Science, 1983 (18): 1810-1826.

[31] WELSH L M, HARDING J. Effect of strain rate on the tensile failure of woven reinforced polyester resin composites [J]. Le Journal de Physique Colloques, 1985, 46 (C5): 405-414.

[32] YEN C F. Ballistic impact modeling of composite materials [C] //7th International LS-DYNA Users Conference. Dearborn, 2002: 22060-6218.

[33] YEN C F. A ballistic material model for continuous-fiber reinforced composites [J]. International Journal of Impact Engineering, 2012 (46): 11-22.

[34] XIAO J R, GAMA B A, GILLESPIE Jr J W. Progressive damage and delamination in plain weave S-2 glass/SC-15 composites under quasi-static punch-shear loading [J]. Composite Structs, 2007 (78): 182-196.

[35] GAMA B A, GILLESPIE Jr J W. Finite element modeling of impact, damage evolution and penetration of thick section composites [J]. Int J Impact Engng , 2011 (38): 181-197.

[36] 张佐光,霍刚,张大兴,等．纤维复合材料的弹道吸能研究 [J]. 复合材料学报, 1998, 15 (2): 74-81.

[37] WANG Y, XIA Y M. The effects of strain rate on the mechanical behaviour of Kevlar fibre bundles: an experimental and theoretical study [J]. Composites Part A, 1998, 29 (11): 1411-1415.

[38] WANG Y, XIA Y M. A modified constitutive equation for unidirectional composites under tensile impact and the dynamic tensile properties of KFRP [J]. Composites Science and Technology, 2000 (60): 591-596.

[39] 王元博, 王肖军, 余育苗, 等. Kevlar/环氧树脂层合材料的动静态力学性能及本构关系 [J]. 爆炸与冲击, 2008, 28 (3): 200-206.

[40] BARRE S, CHOTARD T, BEBZEGGAGH M L. Comparative study of strain rate effects on mechanical properties of glass fiber-reinforced thermoset matrix composites [J]. Composites: Part A, 1996, 27: 1169-1181.

[41] OKOLI O I, SMITH G F. Failure modes of fiber reinforced composites: the effects of strain rate and fiber content [J]. J. Mater. Sci., 1998 (33): 5415-5422.

[42] OKOLI O I, SMITH G F. High strain rate characterization of a glass/epoxy composites [J]. Journal of Composites Technology and Research, 2000 (22): 3-11.

[43] PAPADAKIS N, REYNOLDS N, PHARAOH M W, et al. Strain rate effects on the shear mechanical properties of a highly oriented thermoplastic composite material using a contacting displacement measurement methodology—Part A: elasticity and shear strength [J]. Composites Science and Technology, 2004 (64): 729-738.

[44] QIAN Y, SWANSON S R. Experimental measurement of impact response in carbon/epoxy plates [J]. AIAA J, 1990, 28 (6): 1069-1074.

[45] AL-HASSANI S T S, KADDOUR A S. Strain rate effects on GRP, KRP and CFRP composite laminates [J]. Key Engineering Materials, 1997 (141): 427-452.

[46] GEBBEKEN N, GREULICH S. A new material model for SFRC under high dynamic loadings [C] //Proc. 11th Int. Symp. Interaction of the Effects of Munitions with Structures (ISIEMS), Mannheim, Germany. 2003: 5-9.

[47] GUDEN M, YILDIRIM U, HALL I W. Effect of strain rate on the compression behavior of a woven glass fiber/SC-15 composite [J]. Polymer Testing, 2004, 23 (6): 719-725.

[48] NAIK N K, ASMELASH A, KAVALA V R, et al. Interlaminar shear properties of polymer matrix composites: Strain rate effect [J]. Mechanics of Materials, 2007, 39 (12): 1043-1052.

[49] SCHOßIG M, BIERÖGEL C, GRELLMANN W, et al. Mechanical behavior of glass-fiber reinforced thermoplastic materials under high strain rates [J]. Polymer Testing, 2008, 27 (7): 893-900.

[50] SHOKRIEH M M, OMIDI M J. Investigation of strain rate effects on in-plane shear properties of glass/epoxy composites [J]. Composite Structures, 2009, 91 (1): 95-102.

[51] SHOKRIEH M M, OMIDI M J. Tension behavior of unidirectional glass/epoxy composites under different strain rates [J]. Composite Structures, 2009, 88 (4): 595-601.

[52] NAIK N K, YERNAMMA P, THORAM N M, et al. High strain rate tensile behavior of woven

fabric E-glass/epoxy composite [J]. Polymer Testing, 2010, 29 (1): 14-22.

[53] 刘展. ABAQUS6.6基础教程与实例讲解 [M]. 北京: 中国水利水电出版社, 2008: 1-3.

[54] LEE S W R, SUN C T. Dynamic penetration of graphite/epoxy laminates impacted by a blunt-ended projectile [J]. Compos Science and Technology, 1993, 49: 369-380.

[55] NAIK N K, CHANDRA S Y. Damage in laminated composites due to low-velocity impact [J]. Journal of Reinforced Plastics and Composites, 1998, 17 (14): 1232-1263.

[56] GELLERT E P, CIMPOERU S J, WOODWARD R L. A study of the effect of target thickness on the ballistic perforation of glass-fiber-reinforced plastic composites [J]. International Journal of Impact Engineering, 2000, 24: 445-456.

[57] MINES R A W, ROACH A M, JONES N. High velocity perforation behaviour of polymer composite laminates [J]. International Journal of Impact Engineering, 1999, 22 (6): 561-588.

[58] GOLDSMITH W, DHARAN C K H, CHANG H. Quasi-static and ballistic perforation of carbon fiber laminates [J]. International Journal of Solids Structures, 1995 (32): 89-103.

[59] ULVEN C, VAIDYA U K, HOSUR M V. Effect of projectile shape during ballistic perforation of VARTM carbon/epoxy composite panels [J]. Compos Struct, 2003 (61): 143-50.

[60] FAN J Y, GUAN Z W, CANTWELL W J. Modeling perforation in glass fiber reinforced composites subjected to low velocity impact loading [J]. Polym Compos, 2011, 32 (9): 1380-1388.

[61] MENNA C, ASPRONE D, CAPRINO G, et al. Numerical simulation of impact tests on GFRP composite laminates [J]. International Journal of Impact Engineering, 2011 (38): 677-685.

[62] ZHU G, GOLDSMITH W, DHARAN C K H. Penetration of laminated Kevlar by projectiles—Ⅰ. Experimental investigation [J]. International Journal of Solids and Structures, 1992, 29 (4): 399-420.

[63] VAN Hoof J, CRONIN D S, WORSWICK M J, et al. Numerical head and composite helmet models to predict blunt trauma [C] //Proceedings of 19th international symposium on ballistics. Interlaken, Switzerland, 2001: 7-11.

[64] THAM C Y, TAN V B C, LEE H P. Ballistic impact of a Kevlar helmet: Experiment and simulations [J]. International Journal of Impact Engineering, 2008, 35 (5): 304-318.

[65] HOOPUTRA H, GESE H, DELL H, et al. A Comprehensive Failure Model for Crashworthiness Simulation of Aluminium Extrusions [J]. International Journal of Crashworthiness, 2004 (9): 449-463.

[66] VAN Hoof J, DEUTEKOM M J, WORSWICK M J, et al. Experimental and numerical analysis of the ballistic response of composite helmet materials [C] //Proceedings of 18th international symposium on ballistics. San Antonio, TX, USA, 1999.

[67] YANG J, DAI J. Simulation-based assessment of rear effect to ballistic helmet impact [J]. Computer-Aided Design and Applications, 2010, 7 (1): 59-73.

[68] AARE M, KLEIVEN S. Evaluation of head response to ballistic helmet impacts using the finite element method [J]. International Journal of Impact Engineering, 2007, 34 (3): 596-608.

[69] PINNOJI P K, MAHAJAN P. Finite element modelling of helmeted head impact under frontal

loading [J]. Sadhana, 2007, 32 (4): 445-458.

[70] RAUL J S, BAUMGARTNER D, WILLINGER R, et al. Finite element modelling of human head injuries caused by a fall [J]. International Journal of Legal Medicine, 2006, 120 (4): 212-218.

[71] ASGHARPOUR Z, BAUMGARTNER D, WILLINGER R, et al. The validation and application of a finite element human head model for frontal skull fracture analysis [J]. Journal of the Mechanical Behavior of Biomedical Materials, 2014 (33): 16-23.

[72] 赵经隆. 法医学颅脑损伤 [M]. 北京: 群众出版社, 1980: 1-16.

第 2 篇

陶瓷复合材料

6 陶瓷复合材料装甲简介

6.1 背景介绍

当前国际形势错综复杂，小规模冲突接连发生，恐怖袭击等也日渐增多。这种形势下的主要威胁是来自中小口径炮弹以及狙击子弹等的直接攻击，一旦防护设备被击穿，武器装备会丧失作战能力，作战人员也会受到致命伤害。因此，有必要提高装备和作战人员的防护能力，保证设备及作战人员的安全。在机动性能和防护性能要求都很高的情况下，轻型装甲应运而生，现在各国军事防护的研究重点主要集中在研制抗弹性能更高的新材料或者通过改善轻型装甲结构提高抗弹性能等领域。

防护装甲要求材料要有高的抗侵彻性能，抗冲击性能和抗崩落性能。目前为止，被用作防护装甲的材料主要有金属材料、陶瓷材料以及高性能纤维复合材料等。

陶瓷材料强度高，硬度大，密度小，这些优良性能使得其对动能弹和弹药碎片都有很好的防护能力，在防护服、装甲车以及战斗机等装备上都已得到了广泛应用。但是，由于陶瓷材料的脆性，一般都会将其用作面板，再加上装甲钢或其他韧度高的材料做内衬，组合成陶瓷复合装甲。陶瓷复合装甲高的防护性能得益于高硬度材料和高韧性材料的有效配合。陶瓷材料以其高强度，高硬度使来袭弹体墩粗或发生碎裂。另外，陶瓷板在弹体的冲击作用下形成碎裂陶瓷锥，增大弹体作用在背板上的面积，从而提高了背板的抗弹能力。

单一材料的防护装甲已经无法抵挡弹体的侵入，而将两种或者多种材料结合起来，经过合理的设计，制作成复合装甲，则能够弥补材料间的劣势，使其优势性能充分发挥，有利于提高装甲的防护性能。表 6-1 列出了不同装甲抵抗 7.62mm 穿甲弹侵彻的质量有效系数[1]，可以看出，氧化铝陶瓷复合装甲抗 7.62mm 穿甲弹侵彻的质量有效系数比金属复合装甲的质量有效系数要高很多，比单一钢制装甲高 1~2 倍。

表 6-1 不同装甲抵抗 7.62mm 穿甲弹侵彻的质量有效系数[1]

装甲材料	厚度/mm	面密度/kg·m^{-2}	质量有效系数
轧制均质钢（300BHN）	14.5	114	1.00

续表 6-1

装甲材料	厚度/mm	面密度/kg·m^{-2}	质量有效系数
高硬度钢（500BHN）	12.5	98	1.16
超高硬度钢	8.5	65	1.75
双层硬度钢（表层600BHN）	8	64	1.78
铝合金装甲+5083合金	48	128	0.89
铝合金装甲+7020合金	45	125	0.91
铝合金装甲+7039合金	38	106	1.08
铝合金装甲+2519合金	36	100	1.14
氧化铝陶瓷+高硬度钢	12	68	1.68
氧化铝陶瓷+5083铝合金	17	52	2.19
氧化铝陶瓷+纤维复合材料	18	49	2.33

陶瓷复合装甲由于出色的防护能力，在军事领域也已得到广泛应用。近几十年各国学者对陶瓷复合装甲在弹体撞击下的响应开展了深入的研究，并取得了很多有价值的结论，然而陶瓷复合装甲涉及多方面的问题，仍需要进行深入的研究。

陶瓷材料用作防护装甲始于20世纪初。美国首次在越南战场上使用氧化铝/铝复合装甲，其优秀的抗弹性能引起了各国的关注并开始了广泛研究，陶瓷复合装甲从此发展迅速。随着研究的深入，研究者们发现简单的双层装甲系统存在很多的问题，在弹体撞击下不能够完全发挥陶瓷材料的高硬度性能。到20世纪80年代，美、英、法、俄等国的坦克都装配了多层复合装甲，该装甲系统能够使陶瓷材料和其他防护材料有效的配合，极大地提高了陶瓷装甲的抗弹能力。表6-2列出了各国代表性坦克装配的多层防护装甲。

表6-2 各国主战坦克应用的多层装甲[2]

国家	坦克型号	装甲结构和所用材料	水平厚度/mm
美国	M1	薄板钢+Kelar增强尼龙+陶瓷+铝合金+钢板	550~600
美国	M1A1	贫铀装甲内装有网格复合材料	500~600
英国	勇士坦克	乔巴姆：钢+陶瓷+钢或钢+陶瓷+铝合金	550
俄罗斯	T-72	均质钢+玻纤增强酚醛+均质钢	550
俄罗斯	T-80	均质钢+抗弹陶瓷+玻纤增强酚醛+均质钢	600
德国	豹Ⅱ	薄板钢+陶瓷+橡胶板+厚钢板	550~600

续表 6-2

国家	坦克型号	装甲结构和所用材料	水平厚度/mm
法国	勒克莱尔	均质钢+陶瓷模块+均质钢	—
以色列	梅卡瓦	间隙装甲：钢+陶瓷+橡胶（间隙大）	800
瑞士	PZ-75	装甲钢+陶瓷+装甲钢	—
日本	88 式坦克	装甲钢+陶瓷+橡胶+装甲钢：钛合金+76 层芳纶/尼龙+陶瓷	500

梯度装甲是 20 世纪 90 年代提出的概念，该装甲以陶瓷材料作面板，以金属材料作背板，在两层板间加入含量（密度）沿厚度变化的陶瓷层。该装甲有效地降低了陶瓷和金属之间密度和弹性模量等的阶跃变化，提高了材料之间的声阻抗匹配度，减小了由于应力波反射叠加等造成的装甲损伤。

抗弹效益（ballastic efficiency）是评价陶瓷抵抗弹丸能力的重要指标。由于轻型陶瓷复合装甲中的陶瓷都是与背板结合起来使用，因此在研究中会在有限厚度的陶瓷板后垫一块厚度很大的金属板。

对于陶瓷材料抗弹效益的评价方法有两种：

（1）Rozenberg 和 Yeshurun [3] 提出的方法，抗弹效益公式定义如下：

$$\eta = \frac{\rho_b P_0}{\rho_c h'_c} \tag{6-1}$$

式中，ρ_c、ρ_b 分别为陶瓷板和金属板的密度；P_0 为弹体直接撞击金属板的侵彻深度；h'_c 为在背板侵彻深度为零的情况下，陶瓷板的厚度。

h'_c 一般很难通过实验直接测得，但是可以通过测量陶瓷板不同厚度时弹体在金属板中的侵彻深度，做出 $\rho_c h'_c$ 和 $\rho_b P_0$ 的关系图，通过对实验点进行拟合，进而得到 h'_c，如图 6-1 所示。通常来讲，对这些数据点做线性处理只是为了简化计算，粗略地定量描述陶瓷材料的抗弹效益。

（2）Yaziv 等[4] 提出了两个评价陶瓷材料抗弹效益的指标：总体效益系数（*TEF*）和局部效益系数（*DEF*）。具体定义如下：

$$\begin{cases} TEF = \dfrac{\rho_b P_0}{\rho_c h_c + \rho_b P_r} \\ DEF = \dfrac{\rho_b P_0 - \rho_b P_r}{\rho_c h_c} \end{cases} \tag{6-2}$$

式中，h_c 为陶瓷板的厚度；P_r 为弹体在背板中的侵彻深度；*TEF* 为陶瓷轻型装甲的质量与抗弹效益的关系；*DEF* 为陶瓷板对陶瓷轻型装甲总抗弹效益的贡献。

Yaziv 提出的评价指标（*TEF* 和 *DEF*）能够反映装甲系统的各组成部分（陶瓷和金属）对整体抗弹性能的贡献，因此评价中 *TEF* 和 *DEF* 使用得更多。

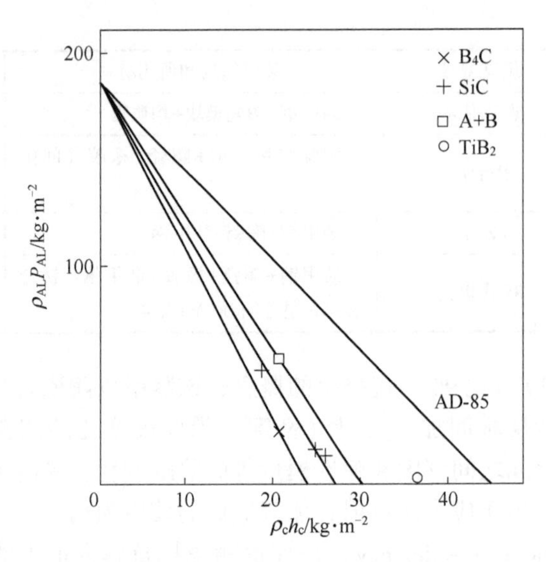

图 6-1 不同陶瓷块的抗弹效益[3]

6.2 轻型陶瓷装甲的数值模拟研究现状

自 1967 年 Wilkins 等[5-7]报道轻型陶瓷复合靶板的应用后，陶瓷材料在防护装甲的应用越来越广泛。但是至今为止，陶瓷材料抗弹丸侵彻的机理仍然没有完全搞清楚，尤其是在高速或超高速撞击下，陶瓷材料处于非常复杂的应力状态下，其动态力学响应更为复杂。

数值模拟结果的正确与否极大程度上依赖于模拟中使用的本构关系和破坏准则是否正确，在数值模拟中可以根据实际问题选取不同的本构模型。作为单独支撑构件或者依靠陶瓷材料的整体高强度起作用时，一般不希望陶瓷材料在使用过程中发生破坏，因此可以假设材料始终处于弹性状态，Hook 定律就可以作为材料的本构模型，简单而且实用。而对于陶瓷复合装甲，装甲在遭受弹丸猛烈撞击后，陶瓷发生破碎甚至粉碎，后续的抗弹过程主要依靠破碎陶瓷的强度和陶瓷的耐磨性，因此模型必须能够较好地反映材料破坏后的性能。近年来，各国学者已经提出了一些模型，能够较好地描述陶瓷材料在强动载荷下的力学响应，有些模型也被写入商业软件中进行结构的优化设计。

JH-2 [8]模型是目前应用最广泛的陶瓷材料动态本构的模型，它是在 JH-1 模型的基础上发展起来的[9]。模型中给出了完整陶瓷的强度面和破碎材料的强度面，任意损伤状态下的强度面都可由以上两个强度面得到。

$$\sigma^* = \sigma_i^* - D(\sigma_i^* - \sigma_f^*) \tag{6-3}$$

$$\sigma^* = \sigma/\sigma_{HEL} \tag{6-4}$$

式中，σ_{HEL}为 HEL 点处的等效强度，强度面上的点由σ_{HEL}归一化处理；D 为损伤数，$0<D<1$；σ 为实际的等效应力；σ_i^*、σ_f^* 为与压力和应变率相关的，可以表示为：

$$\sigma_i^* = a(p^* + T^*)^n(1 + c\ln\dot{\varepsilon}^*) \tag{6-5}$$

$$\sigma_f^* = b(p^*)^m(1 + c\ln\dot{\varepsilon}^*) \tag{6-6}$$

式中，a、b、c、m、n 是材料常数，由准静态或动态材料实验测得；$p^* = p/p_{HEL}$，$T^* = T/p_{HEL}$，p 和 T 是实际的静水压和最大静水拉伸强度；p_{HEL}为 Hogoniot 弹性极限处的静水压力；ε^*为无量纲量，$\dot{\varepsilon}^* = \dot{\varepsilon}/\dot{\varepsilon}_0$；$\dot{\varepsilon}$ 为真实等效应变率；$\dot{\varepsilon}_0$ 为参考应变率，一般取 $\dot{\varepsilon}_0 = 1.0\text{s}^{-1}$。

公式（6-3）中的损伤数 D 表示为：

$$D = \sum \Delta\varepsilon^P/\varepsilon_f^P \tag{6-7}$$

式中，$\Delta\varepsilon^P$ 为一个积分步长内的等效塑性应变增量；ε_f^P 是材料的破坏应变，是一个与压力相关的量：$\varepsilon_f^P = d_1(p^* + T^*)^{d_2}$；$d_1$、$d_2$ 为材料常数。

陶瓷材料的压力与比容的关系可以表示为：

$$\begin{cases} p = k_1\mu + k_2\mu^2 + k_3\mu^3 + \Delta p & (\mu \geqslant 0) \\ p = k_1\mu & (\mu < 0) \end{cases} \tag{6-8}$$

式中，μ 为比体积，$\mu = \rho/\rho_0 - 1$；k_1、k_2、k_3 为材料常数；ρ 为实际密度；ρ_0 为初始材料密度。

应该指出，陶瓷材料没有发生损伤时 $\Delta p = 0$。JH-2 模型中认为，材料开始损伤后，材料开始发生破碎出现体胀，体胀效应会使压力增加 Δp。Δp 需要从能量转换角度得到：弹性能的减少（由于偏应力降低）通过增加 Δp 转换成势能。应力偏量的弹性能用下式求得：

$$U = \sigma^2/6G \tag{6-9}$$

式中，G 为剪切模量。

能量损失为：$\Delta U = U_D(t) - U_D(t + \Delta t)$，$U_D(t)$，$U_D(t + \Delta t)$ 分别是 t 时刻和 $t+\Delta t$时刻的弹性能。通过式（6-9）计算，损失的弹性能通过压力的增加转化为材料的静水能量，计算公式如下：

$$(\Delta p_{t+\Delta t} - \Delta p_t)\mu_{t+\Delta t} + [(\Delta p_{t+\Delta t}^2 - \Delta p_t^2)/2]K_1 = \beta \cdot \Delta U \tag{6-10}$$

式中，β 为转化系数。

最终可以解出压力增量为：

$$\Delta p_{t+\Delta t} = -K_1\mu_{t+\Delta t} + \sqrt{(K_1\mu_{t+\Delta t} + \Delta p_t)^2 + 2\beta K_1\Delta U} \tag{6-11}$$

Holmquist 等[10-15]通过实验确定了 SiC、AlN、Al_2O_3、B_4C 等陶瓷材料的本构参数。本构模型能够较好地模拟陶瓷材料在弹丸撞击下的破坏过程，如弹体侵彻深度和陶瓷裂纹等，弹道极限速度或残余速度等的模拟结果与实验数据吻合也较好，目前在 LS-Dyna、Autodyn 和 CTH 等大型数值软件中已经嵌入此模型。模型中考虑的应变率效应与 JC 本构模型中应变率的形式相同，而 JC 本构关系是描述金属材料力学性能的本构模型，与脆性材料的应变率效应还有些差别。另外，该模型无法准确描述材料的界面失效等信息，对于钨合金长杆撞击氧化铝陶瓷时的弹体销蚀也预测得不够精确。

Fahrenthold[16]提出一个能够描述岩石陶瓷等材料弹脆性破坏的连续损伤力学模型，并采用 Weibull 强度分布理论来消除脆性材料的缺陷影响。动态断裂实验结果表明，材料的损伤演化方程可以用应力相关的幂函数表述。设置材料失效参数，当损伤数达到临界值时材料破坏。Fahrenthold 应用该模型模拟了 Al_2O_3 球撞击钢板时圆球的破坏响应，模拟结果与实验数据一致性较好。

Simha 等[17]基于杆撞击和平板撞击实验数据，提出了一个描述 AD995 陶瓷材料行为的弹塑性模型。与 JH-2 本构模型的区别在于，Simha 等提出的模型中完整材料的屈服面是由陶瓷的 HEL 点的强度表示，破碎材料的屈服面按照 Mohr-Coulomb 模型描述，任意损伤状态下的强度面都可以由这两个面线性表示。材料的损伤考虑了压缩损伤和拉伸损伤，压力与应变的关系采用 Mie-Gruneisen 方程。模型较好地模拟了陶瓷材料的侵彻深度，与实验数据吻合较好。

Rajendran [18] 以连续介质力学为基础，建立了三维本构模型来描述陶瓷材料的复杂力学行为。该模型考虑了裂纹成核、生长和孔洞塌陷，并假设在陶瓷受到加载前，微裂纹就已经在材料中均匀分布。根据平均裂纹密度定义损伤，损伤演化采用 Griffith 准则。描述的应变包含弹性应变和由位错引起的塑性应变两部分，其中弹性应变又分为完整陶瓷的弹性应变和由于裂纹开裂和滑移产生的应变。模型中的参数可以通过陶瓷材料的准静态、SHPB 和平板撞击实验得到。Rajendran 和 Grove 等[19-22]运用该模型成功模拟了 AD85 陶瓷在一维应力和一维应变条件下的碰撞行为。该本构模型还被嵌入 EPIC-2 中，能模拟钢弹碰撞陶瓷靶产生的初始应力状态和损伤分布。

Ravichandran 和 Subhash[23]结合翼型裂纹（Nemat-Nasser[24-29]，Ashby [30]）的扩展模式提出了一个基于微观物理模型的裂纹滑移扩展模型，该模型根据微观结构的演化发展来描述材料的非弹性变形，应变分成弹性部分和非弹性部分，非弹性部分是由裂纹的滑移和拉伸裂纹的扩展部分引起的，损伤演化通过裂纹增长来实现。材料的破坏由临界裂纹密度和临界裂纹长度决定。用该模型研究了热压氮化硅陶瓷在应变率 $500\sim2000s^{-1}$ 范围内的动态特性，模拟结果同实验结论一致性较好。结果表明：在低于 $103s^{-1}$的应变率时，应变率升高对陶瓷的断裂强度的增加并没有显著的影响。

Espinosa[31-34]基于 Taylor 的晶体滑移理论，并结合 Bazant[35-36]的微面模型

（microplane model）发展了微裂纹多面模型（microcracking multiple－plane model），用于描述陶瓷材料的非弹性本构行为和玻璃中的破坏波。基本假设是：微裂纹扩展或滑移发生在多个离散的方位上，每个方位上的滑移面特性包括摩擦系数、初始尺寸、裂纹密度及其演化都是独立的，材料的宏观响应基于应变张量可分解为弹性部分和微裂纹引起的非弹性部分。应用该模型模拟了陶瓷材料的侵彻试验（depth-of-penetration），计算结果表明，陶瓷材料的性能对侵彻深度的影响较小，这与大多数研究者得出的结论不同。相反，多层陶瓷靶板的结构设计对侵彻深度影响很大，如靶板几何尺寸、边界条件等。

Steinberg [37]将动高压下的金属损伤模型推广到脆性材料，用来描述陶瓷的碰撞行为。压缩屈服强度和剪切模量是与压力和温度相关的，应变率效应用简单的两个参数幂函数形式，幂函数中的两个参数可以通过准静态、动态压缩实验以及 Grady [38]给出的断裂韧性关系式确定。模型中拉伸损伤引用了 Cochran 和 Banner [39]的层裂模型。Steinberg 提出的本构模型假设在压缩载荷下没有损伤，该模型很好地模拟了几种陶瓷材料平面碰撞实验的粒子速度历史。

陶瓷复合装甲的研究虽然取得了大量成果，仍然有大量的工作需要完善，具体表现在：

（1）陶瓷作为脆性材料，其拉伸强度比压缩强度要小很多。弹丸撞击陶瓷板后，在陶瓷板背面会形成反射拉伸波，陶瓷会发生层裂，从而降低了整个陶瓷板的强度。目前研究的焦点一般是损伤和压缩强度的关系，对陶瓷材料压缩下的力学行为有较全面的描述，但是对于拉伸条件下陶瓷的行为描述明显欠缺。因此，需要深入地研究陶瓷材料的拉伸应力应变关系和陶瓷的损伤演化行为，构建更合理的陶瓷本构关系。

（2）陶瓷材料的动态压缩（拉伸）强度对陶瓷复合装甲在弹丸撞击下的侵彻阻力有很大的影响。对于陶瓷材料，其动态压缩强度的增长通常认为是应变率效应和惯性效应共同作用的结果。但是在材料本构关系中，惯性效应作为结构响应应该被除去。就目前的研究来看，国内外学者似乎并没有将这两种因素区别开，导致在某些计算中陶瓷材料的强度比真实强度偏高。因此，需要研究陶瓷材料的真实应变率效应，并构建更准确的应变率效应公式。

（3）陶瓷复合装甲在弹丸撞击下的数值模拟研究在近几十年是比较活跃的问题，但是对于弹丸撞击下陶瓷板的抗弹机理的了解还不透彻，尤其是陶瓷板的裂纹成核和扩展、陶瓷锥的形成等问题。因此，有必要建立合适的陶瓷动态本构模型，以期对陶瓷复合装甲的抗侵彻机理有更深入的了解。

7 陶瓷材料动态计算本构模型

轻型陶瓷复合装甲以其优越的抗弹能力，在车辆工程、人体装甲与航空航天等领域得到了越来越广泛的应用。学者们对其在冲击载荷下的响应和失效也进行了大量的研究，包括实验研究、理论分析和数值模拟。虽然经验公式或者理论模型能够对陶瓷复合装甲的抗弹性能有部分了解，但是对其在冲击载荷作用下的动态响应有一个比较完整和深入的认识，数值模拟是不可或缺的；数值模拟的结果准确与否取决于陶瓷动态计算本构模型是否能够正确描述陶瓷材料的行为。近年来，许多专家学者对此开展了广泛的研究，也取得了有价值的结果。

陶瓷材料的力学性能受加载条件的影响很大，特别是在强冲击载荷下，陶瓷材料的力学行为与准静态加载下差距更大。在冲击载荷下，陶瓷材料承受高压、高应变率且处于大变形状态。在自由边界处，由于压缩波反射形成拉伸波，陶瓷材料内部容易产生裂纹并造成破坏。显而易见，在陶瓷材料承受冲击载荷作用时，它处于非常复杂的应力状态中。

本章在文献实验数据的基础上，通过修正混凝土动态计算本构模型[40]，得到一种新的陶瓷动态计算本构模型。该模型考虑了陶瓷材料的压力强化、应变硬化、应变软化、Lode 角效应和应变率效应等因素，能够很好地模拟陶瓷材料在各种复杂应力状态下的应力应变关系，包括单轴压缩、单轴拉伸、双轴压缩、双轴拉伸、三轴压缩、三轴拉伸等实验，并能模拟陶瓷靶板中裂纹的起裂、演化扩展以及破坏。

7.1 状态方程

陶瓷材料是一种非常复杂的颗粒型材料，内部含有大量的微裂纹和空隙，且呈现很明显的非均匀性。当陶瓷材料被压缩时，体积变形随压力的增大而增大。Bridgman [41]、Hart 和 Drickamer [42]、Sato 和 Akimoto[43]实验研究了 Al_2O_3 陶瓷在高压下的行为特点，Bassett 等[44]用金刚石压砧实验研究了 SiC 陶瓷的高压行为特性。图 7-1 给出了一些陶瓷材料的压力-体积应变响应实验数据，从图中可以看出，Al_2O_3 和 SiC 陶瓷材料的体积应变随着压力的增大而增大，且变化趋势基本一致。这类陶瓷材料的状态方程，可以采用多项式方程形式表示为：

$$p = K_1\mu + K_2\mu^2 + K_3\mu^3$$

$$\mu = \frac{V_0}{V} - 1 = \frac{\rho}{\rho_0} - 1 \tag{7-1}$$

式中，p 为压力；K_1、K_2、K_3 为实体材料的体积模量，通过实验确定；ρ_0 为初始密度；ρ 为当前实体密度；μ 为实体材料的体积应变。

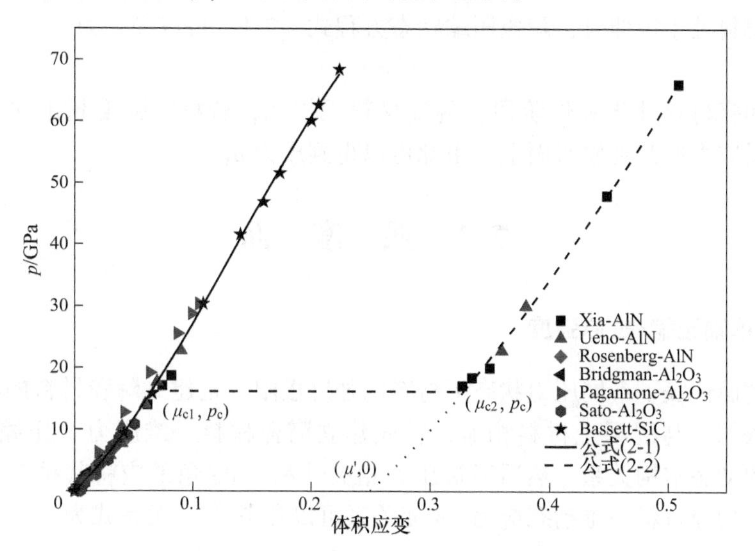

图 7-1 材料压力与体积应变的关系

Rosenberg 等[45]、Xia 等[46]和 Ueno 等[47]实验研究了 AlN 陶瓷在不同压力条件下的变形特点，相关数据也放在图 7-1 中。从图 7-1 中可以看出，AlN 陶瓷的状态可以分为三个阶段：在压力较低时，AlN 陶瓷与 Al_2O_3 和 SiC 陶瓷的行为一致，体积应变与压力一一对应；当压力达到某个值时，压力保持稳定，而体积应变不断增大；体积应变积累到一定程度时，材料压力又开始增加。进一步研究发现，造成这种现象的原因是 AlN 陶瓷内部发生了相变，晶体结构开始由纤锌矿结构（wurtzite structure）转变为岩盐结构（salt structure），相变过程中内压力几乎不再增加，而应变不断积累；当应变积累到一定程度时，材料完全转变为岩盐结构，压力又随应变的增加继续增大。对 AlN 陶瓷材料而言，Rosenberg 等[45]研究了这个相变转变压力值大概是 16GPa。这类陶瓷材料的状态方程也可以用多项式方程形式表示为：

$$\begin{cases} p = K_1\mu + K_2\mu^2 + K_3\mu^3 & (\mu \leqslant \mu_{c1}) \\ p = p_c & (\mu_{c1} \leqslant \mu \leqslant \mu_{c2}) \\ p = K_4(\mu - \mu') + K_5(\mu - \mu')^2 + K_6(\mu - \mu')^3 & (\mu \geqslant \mu_{c2}) \end{cases} \tag{7-2}$$

式中，p_c 为发生相变时的压力；μ_{c1} 为相变开始时的体积应变；μ_{c2} 为相变结束时的体积应变；K_4、K_5、K_6 为材料参数；μ 为陶瓷材料体积应变；μ' 为陶瓷材料第三阶段状态方程反向延长线与 X 轴的交点。

由图 7-1 还可以看出，AlN 陶瓷的压力与体积应变的关系与混凝土的曲线形状比较类似，但是混凝土材料的压力与体积应变发生转变是由空隙坍塌造成的，而 AlN 陶瓷的压力与体积应变关系发生转变是由于相变。

当材料处于拉伸时，陶瓷压缩状态方程式（7-1）可以简化为：

$$p = K_1\mu \tag{7-3}$$

若陶瓷材料处于弹性阶段，陶瓷材料无损伤；若材料强度超出屈服面的强度，材料应力回归到屈服面上，由此可以得到压力 p。

7.2 强 度 面

7.2.1 单轴压缩/拉伸强度

强度面代表了不同压力状态下材料的强度极限，是建立陶瓷材料的破坏准则的重要依据。与混凝土材料相似，首先建立陶瓷材料一维应力（压缩或拉伸）状态下的动态本构关系，然后通过压力相关性和 Lode 角效应将其推广到三维空间，假设陶瓷材料一维动态应力-应变关系可以参考[40]，关系式为：

$$\begin{aligned} f_{cc} &= f_c' DIF_c \eta_c \\ f_{tt} &= f_t DIF_t \eta_t \end{aligned} \tag{7-4}$$

式中，f_c' 为准静态无围压条件下的单轴压缩强度；f_t 为准静态的单轴拉伸强度；f_{cc} 为一维应力状态下陶瓷材料压缩强度；f_{tt} 为一维应力状态下陶瓷材料拉伸强度；DIF_c 为压缩动态增强因子；DIF_t 为拉伸动态增强因子；η_c 为压缩强度形状函数；η_t 为拉伸强度形状函数。

以上两个强度都考虑了应变率效应、材料损伤，且压缩（剪切）损伤和拉伸损伤相对独立。

7.2.2 剪切损伤

陶瓷材料的实验表明，陶瓷材料的剪切强度随加载过程经历了线弹性段、非线弹性段和软化段，而等效塑性应变 ε_s 是分析陶瓷材料应变硬化和软化过程的基本参数。定义剪切损伤 λ 为：

$$\lambda = \sum (\mathrm{d}\varepsilon_s / \varepsilon_f) \tag{7-5}$$

式中，$\mathrm{d}\varepsilon_s$ 为等效塑性应变增量；ε_f 为破坏应变。

定义参数 λ_m，当 $\lambda = \lambda_m$ 时，陶瓷材料达到最大强度。

$\lambda \leqslant \lambda_m$，此时为应变硬化阶段，损伤函数表示为：

$$\eta_c = l + (1 - l)\eta \tag{7-6}$$

$\lambda > \lambda_m$，此时为应变软化阶段，损伤函数表示为：

$$\eta_c = r + (1 - r)\eta \tag{7-7}$$

将式（7-6）和式（7-7）分别代入式（7-4）就可以得到对应阶段的陶瓷压缩强度f_{cc}，表达式如下：

$$f_{cc} = f_c' DIF_c[l + (1 - l)\eta] \qquad (\lambda \leqslant \lambda_m) \tag{7-8}$$

$$f_{cc} = f_c' DIF_c[r + (1 - r)\eta] \qquad (\lambda > \lambda_m) \tag{7-9}$$

式中，$f_c' \times l$ 为准静态单轴压缩下的初始屈服强度，参数 l 取值为 0.45[41]；$f_c' \times r$ 为单轴压缩下的残余强度，参数 r 取值为 0.3。

定义函数 $\eta(\lambda)$ 为：

$$\eta(\lambda) = a_1\lambda(\lambda - 1)\exp(-b_1\lambda) \tag{7-10}$$

式中，a_1、b_1 为参数。

当 $\lambda = \lambda_m$ 时，函数 $\eta(\lambda)$ 有极大值，如此参数 a_1 和 b_1 可以确定。图 7-2 为剪切损伤变量 λ 与函数 η 的关系示意图。

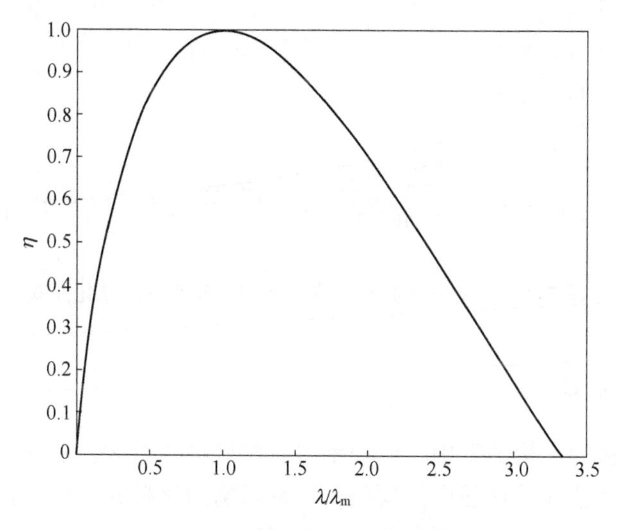

图 7-2　损伤控制函数 η 示意图

7.2.3　拉伸损伤

当弹体撞击陶瓷复合装甲时，撞击瞬间产生的压缩波在陶瓷面板中以球面波形式向外传播。当应力波传到陶瓷板背面的自由表面时，压缩波反射形成拉伸波；如果反射波的拉伸应力大于陶瓷的拉伸强度，陶瓷板层裂，靶板背面会形成裂纹。因此，如果要在数值模拟中模拟出陶瓷装甲抗冲击载荷作用下裂纹的演化扩展，需要对陶瓷材料的拉伸应力应变关系进行定义。陶瓷材料的拉伸强度远远低于压缩强度，大约只有压缩强度的 10%。

本章中通过主拉伸应力 f_{tt}、主拉伸应变 ε_t 来控制混凝土材料的拉伸行为。主拉伸应力与主拉伸应变的关系满足指数形式的软化方程[48-49]，关系式为：

$$f_{tt} = f_t \eta_t DIF_t$$

$$\eta_t = \left(1 + \left(c_1 \frac{\varepsilon_t}{\varepsilon_{frac}}\right)^3\right) \exp\left(-c_2 \frac{\varepsilon_t}{\varepsilon_{frac}}\right) - \frac{\varepsilon_t}{\varepsilon_{frac}}(1 + c_1^3)\exp(-c_2) \tag{7-11}$$

式中，c_1、c_2 为形状系数，$c_1 = 3$ 和 $c_2 = 6.93$[50-51]；ε_{frac} 为陶瓷的断裂应变。假定断裂应变 ε_{frac} 为常数，而断裂能随着应变率的增大而增大。图 7-3 所示为 f_{tt}/f_t 与主拉伸应变在不同应变率下的软化曲线。

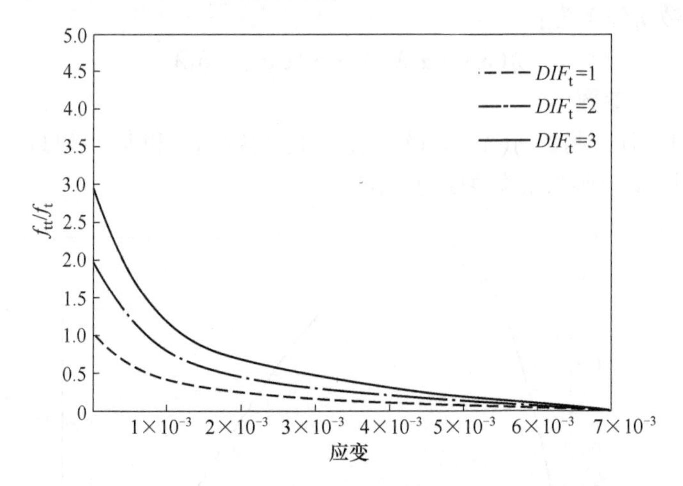

图 7-3　f_{tt}/f_t 与主拉伸应变在不同应变率下的软化曲线

7.2.4　应变率效应

在固体材料的本构关系中，应变率效应对材料的力学性能影响很大。应变率的变化，往往会造成材料强度的硬化，以及影响到材料的变形。根据材料的流动应力对应变率的依赖情况，可以分为应变率敏感性材料和应变率无关材料。实验研究表明，陶瓷、混凝土、岩石等脆性材料属于应变率敏感材料。因此，为了能够更加准确地模拟陶瓷材料在冲击或爆炸载荷作用下的动态响应，需要格外关注陶瓷材料的动态压缩（拉伸）强度，材料强度与应变率的关系需要通过不同应变率下的实验确定。MTS 通常用来进行准静态条件下的拉压试验，应变率为 10^{-6} ~ $10^{0}\mathrm{s}^{-1}$。在高应变率下材料的动态力学性能的实验研究中，Hopkinson 压杆是一种简便易行的实验技术，其理论基础是一维应力波理论。通过测定输入（入射）杆和输出（透射）杆上的应变来得到试件的应力-应变关系。对于陶瓷材料的压缩强度的实验研究已经取得了很大的进展[52-58]；对于陶瓷材料的拉伸强度的研究也有不少报道[59-62]。尽管对于陶瓷材料的力学性能已经有一些实验数据，但是到目前为止研究者对陶瓷材料动态强度增长的物理机制还不是很清楚。本节中在 Xu 和 Wen [40]工作的基础上，得到陶瓷材料由应变率效应引起的动态强度因子公式。

7.2.4.1 应变率效应与惯性效应讨论

图 7-4（a）给出了实验测定的 SiC 和 Al_2O_3 两种材料压缩强度和应变率的关系。从该图中可以看出，氧化铝陶瓷和碳化硅陶瓷的压缩强度在准静态范围内基本无变化，但是碳化硅陶瓷从 10^2s^{-1} 应变率开始，强度随应变率增加而急剧增加（氧化铝陶瓷的转变应变率在 10^3s^{-1} 左右）；到大约 10^5s^{-1} 以后，材料的强度又基本保持恒定。图 7-4 显示的数据分别属于两项不同的研究：准静态和高应变率的数据来自 Lankford 的研究[54]，极高应变率的数据来自 Grady 的研究[63]。由于不同厂家、不同批次的陶瓷会有密度和性能的差别，所以为了利用不同研究的结果，可以将比较相同或接近密度的同种类材料按同一材料考虑，忽略它们之间可能的材料差别。在另外一些陶瓷材料的研究[52,64]中，陶瓷的强度显示出与图 7-4（a）相似的变化趋势。因此可以判定陶瓷材料有着图 7-4（a）显示的强度和应变率关系。

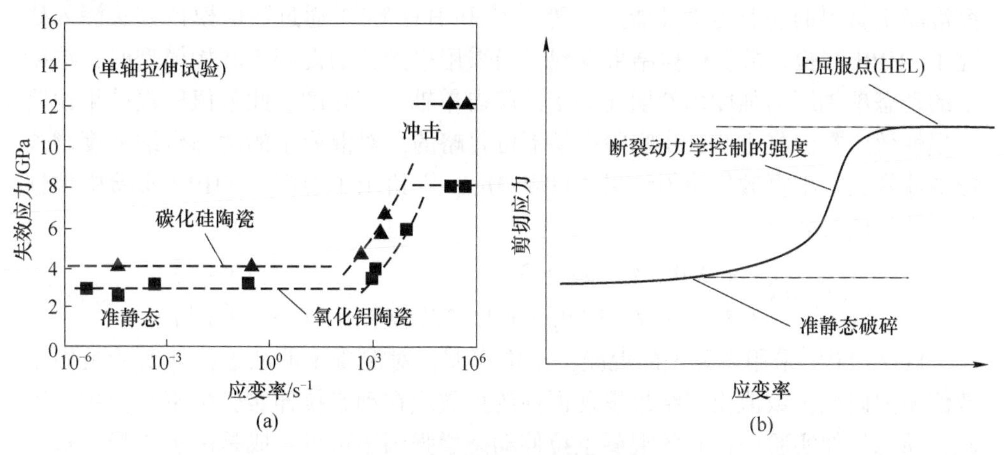

图 7-4 强度与应变率的关系
（a）实验数据点；（b）预测变化趋势

对于陶瓷材料强度与应变率的这种关系，许多研究者[24,27]构建了基于微观变形和破坏机制的模型，预测材料的强度变化趋势，如图 7-4（b）所示，并从微观裂纹扩展和裂纹相互作用的角度做出了解释。在准静态的应变率范围内，材料中的微裂纹达到准静态断裂激活能后开始扩展并相互作用，直至材料破坏。当应变率接近转变应变率时，由于动态裂纹扩展过程中惯性效应的影响，裂纹扩展需要的激活能增加，因此导致材料的强度快速增加。在高应变率条件下，材料强度基本保持恒定，在此阶段陶瓷的应力状态接近于一维应变状态，其破坏模式发生了转变，材料由脆性破坏变成了韧性破坏。

Davies 和 Hunter[65]首先提出了惯性效应对材料强度有影响，并且给出了材料惯性效应能达到最小时的试件长径比为 $l/d=\sqrt{3\nu}/2$（ν 为泊松比）。Field 等[66]认为惯性效应对材料强度的影响与材料密度有关，密度越小，转换应变率越低。Young 和 Powell[67]首先研究了惯性效应对岩石材料力学性能的影响，研究表明，在破碎过程中，材料的径向应力沿半径方向越来越小，在中心点处达到最大。Bischoff 和 Perry[68]在总结了大量的岩石材料实验数据的基础上，建议对现有的实验数据应当谨慎应用，因为其动态压缩强度的增长不全是应变率效应引起的，材料的惯性效应也有很大的影响，Janach[69]、Glenn 和 Janach[70]、Young 和 Powell[67]、Donze 等[71]均证实了以上的观点。Cotsovos 和 Pavlovic[72]提出，惯性效应在混凝土材料的动态拉伸强度增长中也起着一定的作用。Zhang 等[73]制作了环状砂浆试件，通过实验方法测量了围压效应带来的影响；结果表明，当应变率高于材料的临界转换应变率时，由于惯性引起径向围压是造成材料强度增强的主要原因。

随着数值模拟技术的发展，近几年有越来越多的研究者通过数值模拟方法研究混凝土材料的动态力学性能。Li 等[74-77]和 Hao 等[78]通过数值模拟方法深入研究了 SHPB 实验。数值模拟结果发现，当采用率无关的混凝土本构模型时，混凝土的动态单轴压缩强度仍然明显高于准静态单轴压缩强度。此数值模拟结果说明了惯性效应在混凝土 SHPB 实验中是不可忽略的，对混凝土的动态压缩强度增长影响非常大。根据数值模拟结果，Li 和 Meng[74]给出了混凝土 SHPB 实验中惯性效应的经验公式：

$$R_c=\begin{cases}1+0.03438(\lg\dot{\varepsilon}+3) & (\dot{\varepsilon}<10^2\mathrm{s}^{-1})\\ 8.5303-7.1372\lg\dot{\varepsilon}+1.729\lg^2\dot{\varepsilon} & (\dot{\varepsilon}>10^2\mathrm{s}^{-1})\end{cases}\tag{7-12}$$

Lu 和 Li[77]采用率无关的混凝土本构模型，对混凝土的动态拉伸实验也做了数值模拟研究，数值模拟结果发现惯性约束效应在动态拉伸实验中不起作用。因此，动态拉伸实验中得到的混凝土拉伸动态增强因子可以看成是由于混凝土材料的应变率效应引起的，能准确地描述混凝土材料的动态力学响应。Lu 和 Li[77]通过理论分析发现，混凝土中微裂纹的起裂和演化导致了混凝土的动态拉伸强化，Cotsovos 和 Pavlovic[72]也证实了这一结论。

Xu 和 Wen[40]分析了大量混凝土拉伸实验数据，得到了混凝土材料的拉伸应变率效应。结合 Li 和 Meng[74]惯性效应公式与压缩试验数据进行了对比，进一步证实了混凝土动态拉伸强度增长就可以准确地反映混凝土材料的真实应变率效应。

另外，研究材料强度的应变率效应时，一般希望涉及的应变率范围尽可能的广泛。但是在从准静态到极高应变率的应变率范围内，试样的应力状态由一维应力状态转变到了一维应变状态。脆性材料在冲击载荷作用下的破坏过程非常复杂，在复杂的应力情况下，需要选择合适的屈服准则，把各方向应力转化为材料的等效屈服强度，才能对比分析材料强度的应变率敏感性。*HEL* 表征了材料在一维应变状态下的弹性极限，可以通过平板撞击实验得到。对于金属材料，采用 Mises 屈服准则可以得到等效屈服强度 Y_c 与 *HEL* 的关系：

$$Y_c = \frac{1-2\nu}{1-\nu}HEL \tag{7-13}$$

Rosenberg[79] 认为，采用 Griffith 屈服准则来描述脆性材料破坏的屈服面更合适，将平面应力状态下的 Griffith 屈服准则推广至一维应变状态，建立了脆性材料的动态压缩强度与 *HEL* 之间的关系：

$$Y_c = \frac{(1-2\nu)^2}{1-\nu}HEL \tag{7-14}$$

根据 7.2.1 节的讨论，动态拉伸实验中得到的拉伸动态增强因子在某种程度上能真实地反映脆性材料的动态力学性质，因此有必要从拉伸实验数据分析得到陶瓷材料的拉伸动态增强因子。针对脆性材料的拉伸实验，低应变率条件下主要是直接拉伸法和准静态巴西劈裂法，中应变率下主要有动态巴西劈裂法，层裂法是得到高应变率条件下拉伸强度非常有效的方法。虽然陶瓷材料拉伸强度仅是压缩强度的 1/10，但是仍然有数百兆帕，直接拉伸法很难实现，因此收集到的数据大部分是由巴西劈裂法得到的，少部分是由三点弯曲实验得到的。

基于文献［40］，陶瓷材料动态拉伸强度增强因子可以表示为：

$$DIF_t = \frac{f_{td}}{f_t} = \left\{[\tanh((\lg(\dot{\varepsilon}/\dot{\varepsilon}_0) - W_x)S)]\left(\frac{F_m}{W_y} - 1\right) + 1\right\}W_y \tag{7-15}$$

式中，W_x、W_y、F_m、S 为待定常数，需要实验确定；$\dot{\varepsilon}$ 为应变率；$\dot{\varepsilon}_0$ 为参考应变率，取值通常为 $1.0s^{-1}$。

公式（7-15）中的拉伸动态增强因子将整个应变率区间分为三个阶段：初始阶段对应低应变率，第二阶段对应中应变率，第三阶段对应高应变率。W_x 是第二阶段的中心点，控制第一阶段向第三阶段过渡，S 控制了第二阶段的斜率，F_m 代表了应变率无穷大时的陶瓷拉伸动态增强因子的最大值。

图 7-5 给出了陶瓷材料的拉伸动态增强因子公式（7-15）与实验数据的比较，公式中 $F_m = 3$；$W_x = 3.8$；$W_y = 2$；$S = 1.25$。从图 7-5 中可以看到，公式（7-15）的预测结果与实验数据吻合较好。

7.2.4.2 压缩动态增强因子

根据 7.1 节的讨论，陶瓷材料 SHPB 实验中得到的压缩动态增强因子实际为名义上的压缩动态增强因子。此名义压缩动态增强因子分为两部分，一部分为因

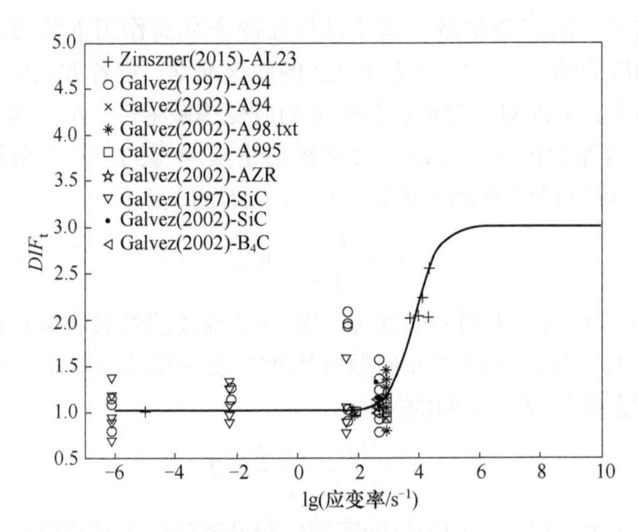

图 7-5 拉伸动态增强因子(实验数据和经验公式)的比较

应变率效应引起的压缩动态增强因子，即真实压缩动态增强因子；另一部分为因惯性效应引起的压缩动态增强因子。

参考 Xu 和 Wen[40] 对混凝土材料应变率效应的讨论，同样假设在相同的应变率下，应变率效应所引起的动态单轴压缩强度增量与动态单轴拉伸强度增量相同，即：

$$f_{cd}^{rate} - f_c = f_{td} - f_t \tag{7-16}$$

式中，f_{cd}^{rate} 为仅考虑应变率效应的陶瓷动态单轴压缩强度。

将式（7-16）代入式（7-15）并整理可得到：

$$DIF_{c-t} = \frac{f_{cd}^{rate}}{f_c} = (DIF_t - 1)f_t/f_c + 1 \tag{7-17}$$

式中，DIF_{c-t} 为仅由应变率效应引起真实压缩动态增强因子。

公式（7-17）表明，真实压缩动态增强因子与拉伸动态增强因子以及 f_t/f_c 有关，且消除了惯性约束效应的影响。

实验表明，脆性材料的动态断裂应变与应变率有很大的关系。欧洲混凝土委员会（CEB）对脆性材料的动态力学性能做了大量的实验，给出了动态断裂应变 $\varepsilon_f(\dot{\varepsilon})$ 与应变率的关系：

$$\varepsilon_f(\dot{\varepsilon}) = \varepsilon_f\left(\frac{\dot{\varepsilon}}{\dot{\varepsilon}_0}\right)^{0.02} \tag{7-18}$$

式中，$\dot{\varepsilon}_0$ 为参考应变率，$\dot{\varepsilon}_0 = 3 \times 10^{-5}$。

因此，陶瓷材料的最大塑性应变表示为：

$$\varepsilon_{max} = \varepsilon_f(\dot{\varepsilon})/\lambda_m \tag{7-19}$$

7.2.5 全应力空间强度面

下面将考虑压力相关性和 Lode 角效应对陶瓷材料强度的影响，将无围压单轴压缩/拉伸强度推广至全应力空间。

7.2.5.1 压力相关性

基于实验观察，陶瓷材料的强度面可以表示为：

$$Y=\begin{cases}3(p+f_{tt}) & (p<0)\\ [3f_{tt}+(f_{cc}-3f_{tt})\times 3p/f_{cc}] & (0<p<f_{cc}/3)\\ \{f_{cc}+Bf_c'\tanh[p/f_c'-f_{cc}/(3f_c')]\} & (p>f_{cc}/3)\end{cases} \quad (7\text{-}20)$$

式中，B 为材料参数。

从公式（7-20）可以看出，当压力 $p=0$ 时，$Y=3f_{tt}$。图 7-6 为强度面示意图，强度面分为三个部分：拉伸段 ($p<0$)，高压段($p>3f_{tt}$) 和中间段 ($0<p<f_{cc}/3$)。

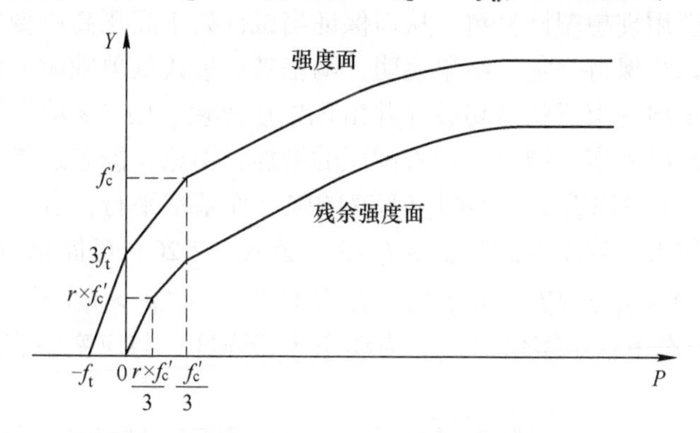

图 7-6 强度面示意图

当拉伸强度 f_{tt} 等于 0，压缩强度 f_{cc} 等于单轴压缩残余强度 $f_c'\times r$，公式(7-20) 退化为残余强度面（见图 7-6），即：

$$Y=\begin{cases}3p & (0<p<f_c'\times r/3)\\ \{f_c'\times r+Bf_c'\tanh[p/f_c'-f_c'\times r/(3f_c')]\} & (p>f_c'\times r/3)\end{cases} \quad (7\text{-}21)$$

Kawakita 和 Kinoshita[80] 实验研究了不同种类岩石在压力和应变率耦合作用下的强度，实验结果表明，几种岩石的强度与压力都几乎成线性关系，且不同应变率下的强度面基本平行，Xu[81] 和 Bailly 等[82] 的研究也证实了强度与压力的线性关系。因此本书作者有理由认为，对于陶瓷、岩石和混凝土等脆性材料，其在压力和应变率耦合作用下的强度面都满足这种关系，强度面示意图如图 7-7 所示。

为了研究围压和中高应变率耦合条件下的陶瓷材料强度，以及高压条件下陶

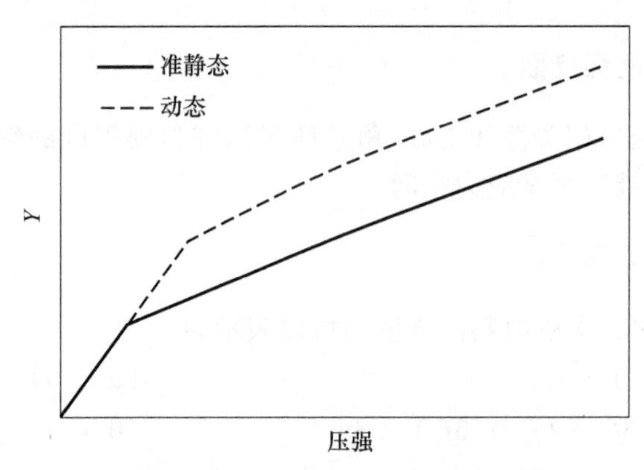

图 7-7　不同应变率下的强度面示意图

瓷的破坏形式，Chen 等[53]设计了 AlN 陶瓷的静态/动态单轴侧限压缩实验。单轴侧限压缩实验与常见的单轴压缩实验的区别在于，试件套上环形金属套，金属套的材料尽量选用理想塑性材料，从而保证当试件处于高压高应变率时，试件所受的环向应力始终保持一定。结果表明，陶瓷破坏形式从单轴应力状态下的轴向劈裂转化为有横向约束下的剪切破碎并出现锥形碎块。图 7-8 给出了应变率和压力耦合下的脆性材料实验结果，随着围压的增加，不论是静态还是动态强度都得到增强。从图 7-8 可以看出，不同应变率的强度面基本平行，且应变率越大，材料动态内聚力越大。当压力满足 $p > f_{cc}/3$，公式（7-20）可简化为：

$$Y = f_{cc} + Bf_c \tanh[p/f_c - f_{cc}/(3f_c)] \qquad (p > f_{cc}/3) \qquad (7\text{-}22)$$

式中，f_c 为准静态单轴压缩强度；f_{cc} 为动态压缩强度，与应变率有关；B 为强度面参数。

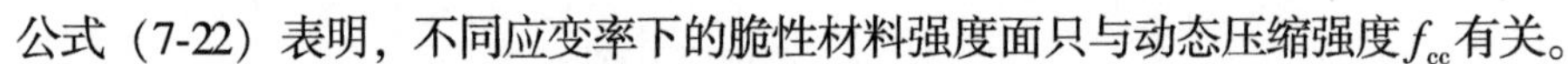

公式（7-22）表明，不同应变率下的脆性材料强度面只与动态压缩强度 f_{cc} 有关。

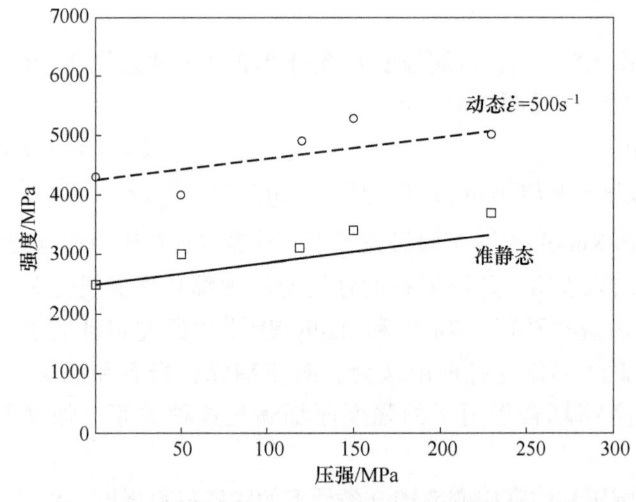

图 7-8　AlN 陶瓷准静态和动态条件下强度随围压的变化

图 7-8 给出了 AlN 陶瓷在压力和应变率耦合下的强度面实验数据和公式（7-22）计算结果的比较，实线表示准静态压缩时的强度面，虚线表示应变率为 $500s^{-1}$时的强度面，由图 7-8 可以看出两者吻合得较好；图 7-8 中 $f_c' = 2.7GPa$，$B = 1.4$。当应变率 $\dot{\varepsilon}$ 为准静态时，压缩强度 $f_{cc} = 2.7GPa$；当应变率 $\dot{\varepsilon} = 500s^{-1}$ 时，动态压缩强度 $f_{cc} = 4.3GPa$。从图 7-8 中可以看到，本章的强度面公式（7-20）能真实地反映压力和应变率耦合下的陶瓷材料强度面。

在多轴材料实验中，陶瓷材料在最大强度时的等效应变与静水压有近似的线性关系，且此关系与陶瓷的单轴压缩强度无关。因此，定义如下的函数：

$$\varepsilon_m = 0.0065\max[1,\ 1 + \lambda_1(p/f_c - 1/3)] \tag{7-23}$$

式中，ε_m 为陶瓷材料在强度最大时的等效应变；λ_1 为系数，取值约为 4.6。

将式（7-18）和式（7-19）代入式（7-23），可得到陶瓷最终的破坏应变为：

$$\varepsilon_{max} = \frac{\varepsilon_f}{\lambda_m}\left(\frac{\dot{\varepsilon}}{\dot{\varepsilon}_0}\right)^{0.02} = \frac{1}{\lambda_m}0.002\max[1,\ 1 + \lambda_1(p^* - 1/3)]\left(\frac{\dot{\varepsilon}}{\dot{\varepsilon}_0}\right)^{0.02} \tag{7-24}$$

7.2.5.2 Lode 角

三轴压缩实验表明，Lode 角对陶瓷材料的强度有很大的影响。如图 7-9 所示为偏平面空间上拉伸子午线强度与压缩子午线强度的比较，可以看出拉伸子午线上的强度明显低于压缩子午线上的强度。因此，考虑 Lode 角后的材料强度面可以表示为：

$$Y = \begin{cases} 3(p + f_{tt})r(\theta) & (p < 0) \\ [3f_{tt} + (f_{cc} - 3f_{tt}) \times 3p/f_{cc}]r(\theta) & (0 < p < f_c/3) \\ \{f_{cc} + Bf_c\tanh[p/f_c - f_{cc}/(3f_c)]\}r(\theta) & (p > f_c/3) \end{cases} \tag{7-25}$$

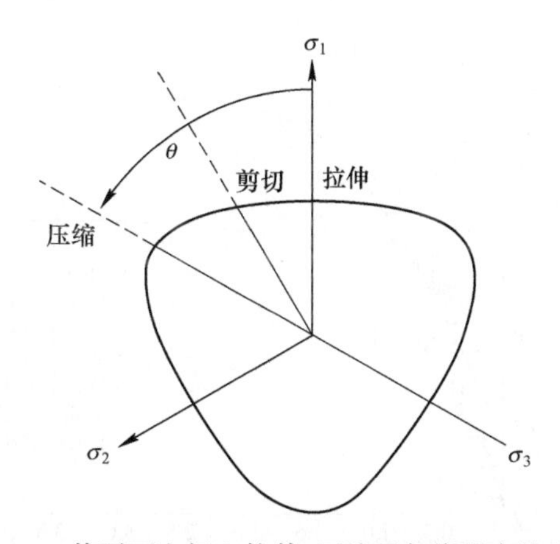

图 7-9 偏平面空间上拉伸/压缩子午线强度的比较

采用 Willam-Warnke 模型[48]描述陶瓷材料中的 Lode 角效应，表示为：

$$r(\theta,\ e)=\frac{2(1-e^2)\cos\theta+(2e-1)\sqrt{4(1-e^2)\cos^2\theta+5e^2-4e}}{4(1-e^2)\cos^2\theta+(1-2e)^2}$$

$$\cos(3\theta)=\frac{3\sqrt{3}}{2}\times\frac{J_3}{J_2^{3/2}} \tag{7-26}$$

式中，$r(\theta,\ e)$ 为 Lode 角参数，$0.5<r(\theta,\ e)<1$；$\theta\in[0°,\ 60°]$ 为偏应力角度；e 为形状参数，是拉伸子午线上强度和压缩子午线上强度的比值。

文献［41］定义的形状函数 $e(p^*)$ 为：

$$e=e_1+e_2p^*-(e_1-0.5)\exp(-e_3p^*)\in[0.5,\ 1] \tag{7-27}$$

式中，e_1、e_2、e_3 为材料参数，可通过拉伸子午线强度和压缩子午线强度的比值确定；p^* 为无量纲压力，$p^*=p/f_c$。

7.3 材料本构模型参数的确定

陶瓷材料本构模型参数值可以通过以下实验和经验公式分别确定：

（1）首先可以通过单轴压缩实验确定准静态单轴压缩强度 f_c 和弹性模量 E。通过杨氏模量 E 和泊松比 ν 可确定剪切模量 $G=E/2(1+\nu)$。

（2）普通三轴剪切实验属于三轴压缩实验的一种，可以得到压缩子午线强度面，并确定强度面参数 B 和残余强度参数 r。图 7-10 列出了不同围压下 AlN、Al_2O_3、B_4C 和 BeO 陶瓷的强度，包括完整材料和粉碎材料，图中横坐标为静水压，纵坐标对应不同静水压的屈服强度，横坐标和纵坐标以准静态单轴压缩强度

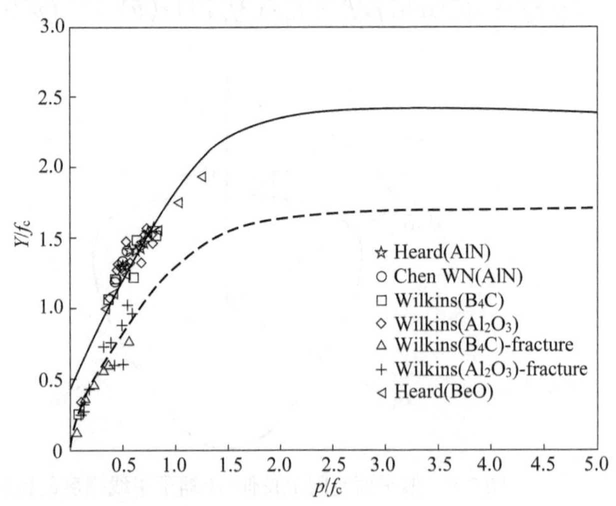

图 7-10 公式(7-20)和公式(7-21)计算结果与实验数据对比

进行归一化处理。图 7-10 给出了由公式（7-20）计算得到的材料强度（实线），虚线是由公式（7-21）计算得到的材料强度。图 7-10 中的参数 $B=1.4$，$r=0.3$，可以看出，计算曲线也能经过大多数点，能够较好地描述材料在围压下的响应。

（3）减压三轴压缩剪切实验属于三轴压缩实验的一种，可以得到拉伸子午线强度面。通过拉伸子午线强度与压缩子午线强度的对比，可确定 Lode 角参数 e_1、e_2 和 e_3。由于陶瓷材料的拉伸实验数据匮乏，其性质和混凝土同属于脆性材料，因此本研究引用混凝土材料的 Lode 角参数值，即 $e_1=0.65$，$e_2=0.01$，$e_3=5$。

（4）通过静水压缩实验可以确定陶瓷的状态方程参数，Al_2O_3 和 SiC 陶瓷材料的压力和体积应变可以表示为：

$$p = 181.5e^9\mu + 1207.9e^9\mu^2 - 2991e^9\mu^3$$

对于 AlN 陶瓷，状态方程为：

$$\begin{cases} p = 181.5e^9\mu + 1207.9e^9\mu^2 - 2991e^9\mu^3 & (\mu \leqslant 0.067) \\ p = 16.2\text{GPa} & (0.067 \leqslant \mu \leqslant 0.33) \\ p = 181.9e^9(\mu - 0.25) + 355.6e^9(\mu - 0.25)^2 - \\ \quad 283.0e^9(\mu - 0.25)^3 & (\mu \geqslant 0.33) \end{cases}$$

（5）通过单轴拉伸实验可确定参数 f_t、c_1、c_2。陶瓷材料的单轴拉伸实验很难实现，可以通过静态巴西劈裂或者三点弯曲实验近似得到陶瓷的拉伸强度。对于没有拉伸数据的材料，根据脆性材料的压缩强度和拉伸强度的关系，认为其拉伸强度是压缩强度的 1/10。同理，参考混凝土拉伸实验，形状系数 c_1 和 c_2 可分别取值为 3 和 6.93。

（6）通过拉伸实验、三点弯曲实验以及层裂实验，结合拉伸动态增强因子经验公式（7-15）可确定拉伸应变率参数 F_m、W_x、S。本研究通过对大量拉伸实验数据进行拟合可得 $F_m=3$，$W_x=3.8$，$S=1.25$。

8　弹体侵彻陶瓷/金属复合靶板数值模拟

陶瓷复合靶板在弹体撞击下的侵彻或贯穿过程非常复杂，通过经验公式或者理论模型虽然可以对主要的物理量进行求解，但是如果想要完整地再现弹体侵彻或者贯穿陶瓷/金属复合靶板的整个过程，还需要利用数值模拟的方法。

近年来，随着计算技术和计算机能力的快速发展以及通用数值计算程序的不断成熟，陶瓷/金属复合靶板在弹体撞击下的数值模拟研究已经取得了很大的进展。利用有限元方法，已经可以对弹体侵彻或贯穿陶瓷/金属复合靶板的结果进行数值模拟，如侵彻深度、弹道极限速度和残余速度等。然而在多数的数值模拟中，对陶瓷材料的本构行为描述并不准确（如 JH-2 [8]模型），模型中对陶瓷材料应变率效应引用金属应变率效应相同的形式，且未考虑陶瓷材料拉伸损伤及 Lode 角效应。

基于上述背景，本章将利用有限元软件 LS-DYNA 的二次开发功能，将第 6 章建立的陶瓷动态计算本构模型嵌入到有限元程序中，对弹体侵彻陶瓷/金属复合靶板进行数值模拟；重点对比了弹体的侵彻深度，验证了陶瓷动态计算本构模型在 DOP 实验中的适用性，并且通过数值模拟研究了影响弹体侵彻深度的因素。

8.1　平头弹侵彻 AD85 陶瓷/4340 钢复合靶板

8.1.1　有限元模型

在本节中，将对平头弹侵彻 AD85 陶瓷/4340 钢复合靶板进行数值模拟，数值模拟基于 Reaugh 等[83]开展的 DOP 实验。实验弹体为钨合金平头弹，直径 6.35mm，长径比（L/D）为 4，密度为 18360kg/m^3，速度为 1330～2500m/s。陶瓷板材料为 AD85，直径 102mm，厚度为 6.2～59.1mm。背板材料为 4340 钢，直径为 152mm，厚度为 64mm。因为平头弹正撞击陶瓷复合靶板，根据模型的对称性，弹-靶均采用四分之一模型。本章采用前处理软件 Truegrid 建立有限元模型。为了更有效地利用计算资源，本模型中在 Z 方向上采用过渡网格技术，在模型中心区域采用比较密的网格，在距离弹体远处采用比较稀疏的网格。图 8-1 给出了平头弹侵彻 AD85/4340 钢复合靶板的有限元模型示意图。

陶瓷材料采用第 7 章建立的陶瓷材料动态计算本构模型，表 8-1 给出了 AD85 陶瓷材料的本构参数值。

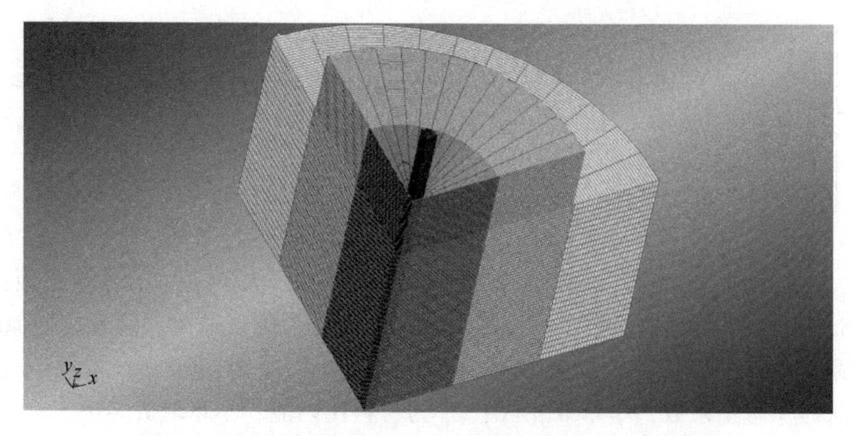

图 8-1 平头弹侵彻 AD85/4340 钢复合靶板的有限元模型

表 8-1 AD85 陶瓷材料的本构参数值

状态方程参数值					
K_1/GPa	K_2/GPa	K_3/GPa	ρ_c/kg · m^{-3}		
181.5	1207.9	-2991	3400		
本构参数值					
f_c'/GPa	f_t/GPa	B	G/GPa	F_m	W_x
2	0.2	1.4	90	3	3.8
W_y	S	λ_m	λ_s	l	r
2	1.25	0.3	7.5	0.8	0.3

弹体和金属背板本构模型采用 LS-DYNA 软件中自带的 * MAT_JOHNSON_COOK 模型[84]，该模型能够较好地描述材料在大变形、高应变率和高温等复杂条件下的材料行为。模型的屈服强度表示为：

$$\overline{\sigma} = [A_1 + B_1(\varepsilon^p)^{N_1}]\left[1 + C_1\ln\left(\frac{\dot{\varepsilon}}{\dot{\varepsilon}_0}\right)\right]\left[1 - \left(\frac{T - T_r}{T_m - T_r}\right)^{M_1}\right] \tag{8-1}$$

式中，$\overline{\sigma}$ 为金属的等效屈服强度；ε^p 为等效塑性应变；$\dot{\varepsilon}$、$\dot{\varepsilon}_0$ 分别为材料当前应变率和参考应变率；T、T_r 和 T_m 分别为当前温度、室温和熔化温度；A_1、B_1、C_1、M_1、N_1 分别为本构参数，需要通过实验得到。

Johnson-Cook 失效模型的表达式为：

$$\varepsilon_f = [D_1 + D_2\exp(D_3\overline{\sigma})](1 + D_4\ln\dot{\varepsilon})\left[1 + D_5\left(\frac{T - T_r}{T_m - T_r}\right)\right] \tag{8-2}$$

式中，$D_1 \sim D_5$ 为材料参数，需要通过实验得到。

状态方程采用 Gruneisen 方程，表达式为：

$$p=\begin{cases}\dfrac{\rho_0 C_s^2\mu\left[1+\left(1-\dfrac{\gamma}{2}\right)\mu-\dfrac{a}{2}\mu^2\right]}{\left[1-(S_1-1)\mu-S_2\dfrac{\mu^2}{\mu+1}-S_3\dfrac{\mu^3}{(\mu+1)^2}\right]^2}+(\gamma_0+a\mu)E_0 & (\mu\geqslant 0)\\ \rho_0 C_s^2\mu+(\gamma+a\mu)E_0 & (\mu<0)\end{cases} \tag{8-3}$$

式中，p 为压力；ρ 为当前密度；ρ_0 为初始密度；C_s 为 $v_s\sim v_p$ 曲线的截距；S_1、S_2、S_3 为 $v_s\sim v_p$ 曲线的系数，v_s 为冲击波速度，v_p 为质点速度，两者可近似取线性关系（即 S_2 和 S_3 为0）；μ 为常数，$\mu=\rho/\rho_0-1$；γ_0 为 Gruneisen 常数；a 为 γ_0 的一阶体积修正系数，本章取 $a=0$；E_0 为材料比内能，本章取 $E_0=0$。

表 8-2 和表 8-3 分别给出了钨合金弹体和 4340 钢的本构参数值，其中 C_p 代表材料的比热容。

表 8-2 钨合金材料的本构参数值

JC 本构模型参数值						
ρ_p/kg · m^{-3}	G/GPa	A_1/GPa	B_1/GPa	N_1	C_1	M_1
18360	122	0.6008	1.2	0.4944	0.059	0.8203
D_1	D_2	D_3	D_4	D_5	T_m	T_r
2.0	0	0	0	0	1723	300
$\dot{\varepsilon}_0$	C_p/J · kg · K^{-1}					
1.0	134					
状态方程参数值						
C_s	S_1	S_2	S_3	γ_0	A_0	
4029	1.23	0	0	1.54	0.4	

表 8-3 4340 钢材料的本构参数值

JC 本构参数值						
ρ_p/kg · m^{-3}	G/GPa	A_1/GPa	B_1/GPa	N_1	C_1	M_1
7800	77	0.792	0.51	0.26	0.014	1.03
D_1	D_2	D_3	D_4	D_5	T_m	T_r
0.05	3.44	−2.12	0.002	0.61	1793	294
$\dot{\varepsilon}_0$	C_p/J · kg · K^{-1}					
1.0	477					

续表 8-3

状态方程参数值						
C_s	S_1	S_2	S_3	γ_0	A_0	
4569	1. 49	0	0	2. 17	0. 460	

8. 1. 2 结果与讨论

图 8-2 给出了弹体以 1350m/s 和 1750m/s 的速度撞击不同厚度的 AD85/4340 钢靶板时，弹体穿透陶瓷板后在金属板中侵彻深度（DOP）随陶瓷板厚度的变化趋势。本节首先对无陶瓷板的侵彻实验进行了数值模拟：实验中钨合金弹体以 1350m/s 和 1750m/s 的速度撞击 4340 钢靶。

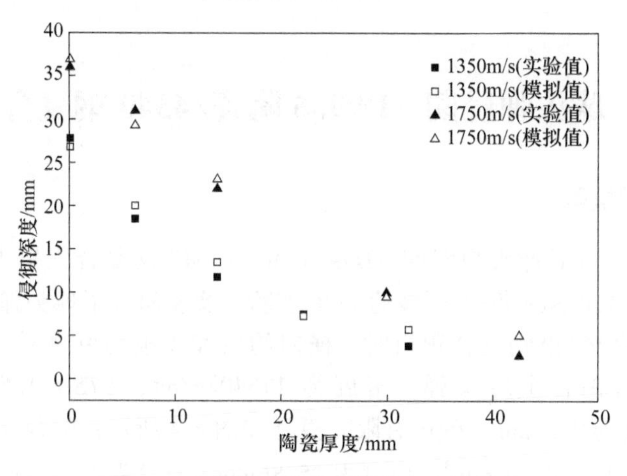

图 8-2 侵彻深度的数值模拟与实验数据

由图 8-2 可以看出，在两种撞击速度下，数值模拟结果与实验数据都吻合得较好，从而证明了应用 Johnson-Cook 本构模型能够较准确地描述本章中弹体和金属板的动态力学性能。由图 8-2 还可以看出，应用本章中的陶瓷动态本构模型计算得到弹体侵彻深度与实验数据吻合得较好。在速度保持不变的情况下，侵彻深度随陶瓷板厚度的增加而减小；当陶瓷板厚度达到一定值时，弹体在金属板中的侵彻深度为 0，此时对应的厚度可以认为是当前撞击速度下陶瓷板的临界穿透厚度。

图 8-3 给出了陶瓷厚度不变时，平头弹以不同速度撞击 AD85/4340 钢靶板，弹体在钢靶中的侵彻深度随弹体速度的变化趋势。数值计算中陶瓷厚度为 6. 2mm。从图 8-3 可以看出，弹体侵彻深度（DOP）随速度的增大而增加。

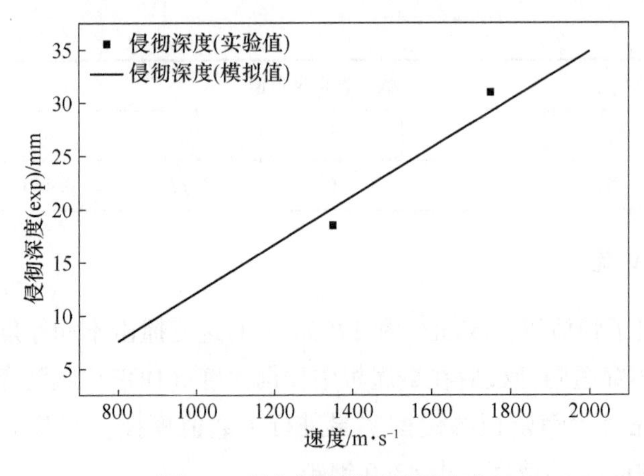

图8-3 侵彻深度随速度的变化

8.2 球头弹侵彻AD99.5陶瓷/4340钢复合靶板

8.2.1 有限元模型

在本节中，将对球头弹侵彻AD99.5陶瓷/4340钢复合靶板进行数值模拟，数值模拟基于Anderson等[85]开展的DOP实验。实验研究了球头弹以不同速度撞击AD99.5陶瓷/4340钢复合靶板时，横向约束和盖板约束对侵彻深度的影响。实验中弹体为钨合金球头弹，密度为17540kg/m^3，UTS = 1.5GPa，直径为7.62mm，长度为76.2mm，弹体有限元模型如图8-4所示；陶瓷材料中Al_2O_3含量99.5%，密度为3900kg/m^3，厚度为25.86mm，直径为106.1mm；金属背板材料为4340钢，直径为152mm，金属板厚度未知，假定为100mm；金属盖板材料为钢。实验中陶瓷板和金属板的组合形式如图8-5所示。

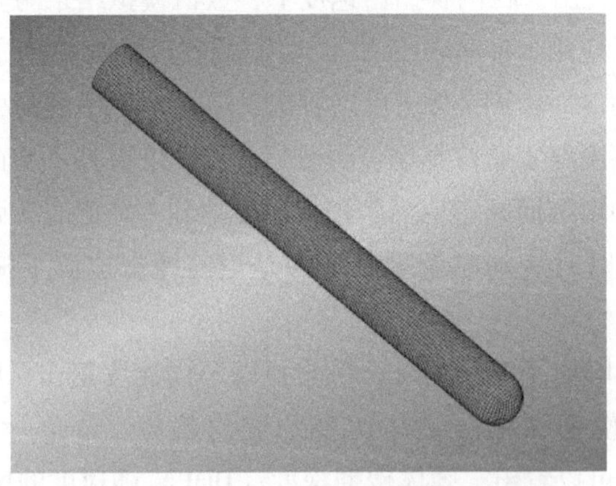

图8-4 钨合金球头弹有限元模型示意图

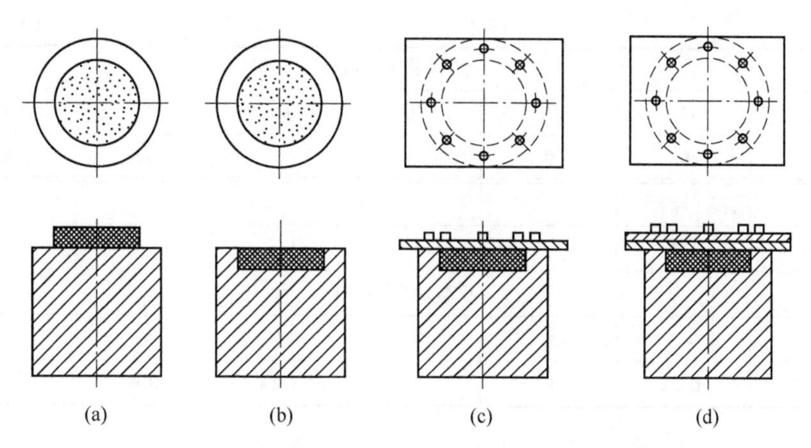

图 8-5 不同约束条件下 AD99.5/4340 钢的结构组合形式

（a）自由边界；（b）径向约束；（c）单层板覆盖；（d）双层板覆盖

根据模型的对称性，采用前处理软件 Truegrid 分别建立四种结构的四分之一模型，为了节省计算资源，金属背板在 Z 方向上采用过渡网格。

陶瓷本构模型采用第 2 章中建立的陶瓷动态计算本构模型，表 8-4 中给出了 AD99.5 陶瓷材料的本构参数值。

表 8-4 AD99.5 陶瓷材料的本构参数值

状态方程参数值					
K_1/GPa	K_2/GPa	K_3/GPa	ρ_c/kg · m^{-3}		
181.5	1207.9	−2991	3900		
本构参数值					
f'_c/GPa	f_t/GPa	B	G/GPa	F_m	W_x
3	0.3	1.4	150	3	3.8
W_y	S	λ_m	λ_s	l	r
2	1.25	0.3	7.5	0.8	0.3

弹体材料和金属背板材料采用 JC 本构模型描述，表 8-5～表 8-7 中给出了钨合金弹体、4340 钢板和盖板的材料参数。

表 8-5 钨合金的材料参数值

JC 本构参数值						
ρ_0/kg · m^{-3}	G/GPa	A_1/GPa	B_1/GPa	N_1	C_1	M_1
17600	122	1.506	0.177	0.12	0.016	1.0

续表 8-5

JC 本构参数值						
D_1	D_2	D_3	D_4	D_5	T_m	T_r
2.0	0	0	0	0	1723	300
$\dot{\varepsilon}_0$	C_p/J·kg·K^{-1}					
1.0	134					
状态方程参数值						
C_s	S_1	S_2	S_3	γ_0	A_0	
4029	1.23	0	0	1.54	0.4	

表 8-6　4340 钢的材料参数值

JC 本构参数值						
ρ_0/kg·m^{-3}	G/GPa	A_1/GPa	B_1/GPa	N_1	C_1	M_1
7800	77	0.792	0.51	0.26	0.014	1.03
D_1	D_2	D_3	D_4	D_5	T_m	T_r
0.05	3.44	−2.12	0.002	0.61	1793	294
$\dot{\varepsilon}_0$	C_p/J·kg·K^{-1}					
1.0	477					
状态方程参数值						
C_s	S_1	S_2	S_3	γ_0	A_0	
4569	1.49	0	0	2.17	0.460	

表 8-7　钢盖板的材料参数值

JC 本构参数值						
ρ_0/kg·m^{-3}	G/GPa	A_1/GPa	B_1/GPa	N_1	C_1	M_1
7830	81.8	0.950	0.725	0.375	0.015	0.625
D_1	D_2	D_3	D_4	D_5	T_m	T_r
−0.8	2.1	−0.5	0.002	0.610	1793	294
$\dot{\varepsilon}_0$	C_p/J·kg·K^{-1}					
1.0	477					
状态方程参数值						
C_s	S_1	S_2	S_3	γ_0	A_0	
4569	1.49	0	0	2.17	0.460	

8.2.2　结果与讨论

表 8-8 列出了不同约束条件下，数值计算得到的弹体侵彻深度与实验结果，图 8-6 用柱状图的形式更直观地对比了不同约束条件对陶瓷板抗弹性能的影响，可以看出，数值计算结果与实验数据吻合得较好。

表 8-8　侵彻深度的数值模拟与实验数据对比

v_0/m · s^{-1}	实验工况	P_r（实验值）/mm	P_r（模拟值）/mm
1500	a	46.5	46
1480	a	43.6	
1780	a	61.8	61.8
1790	a	63.0	
1550	b	43.2	45
1520	b	43.2	
1780	b	60.6	60
1790	b	62.0	
1560	c	34.0	35
1530	c	33.7	
1700	c	43.8	50
1780	c	47.8	
1470	d	27.2	30
1780	d	44.5	43.7
1790	d	45.2	

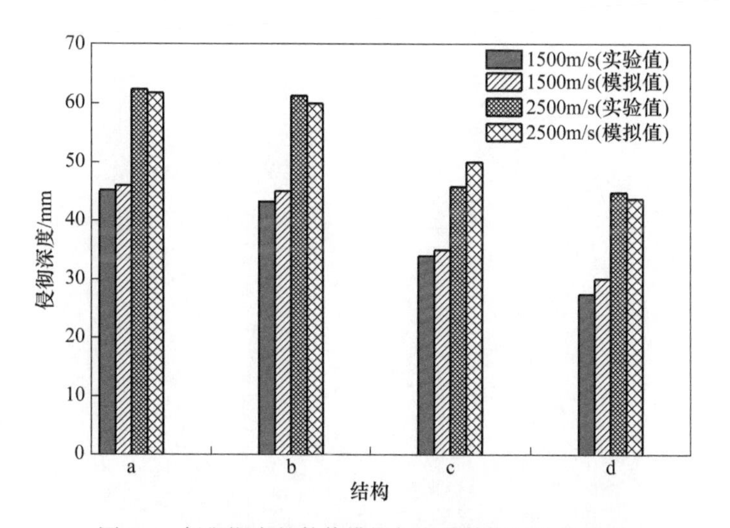

图 8-6　侵彻深度的数值模拟与实验数据对比柱状图

对比四种不同约束形式下的弹体侵彻深度，可以得到以下结论：

（1）相同的撞击速度下，图 8-6 中的 a、b 工况的侵彻深度基本相同，说明结构 b 的约束形式并没有提高陶瓷材料的抗弹性能。

（2）图 8-6 中的 c 工况比 b 工况的侵彻深度要小很多，说明盖板可以增加陶瓷复合装甲的抗弹能力，并且速度高时盖板的提升效果更好。盖板能够提升陶瓷板抗弹性能的原因是：无盖板的情况下，弹体侵彻过程中能够看到明显的陶瓷碎片（或粉末）向后抛射，加上盖板后，盖板能够限制陶瓷粉末的抛射，增大弹体的侵彻阻力，从而增加陶瓷板的抗弹能力。

（3）从图 8-6 中的 c、d 工况的侵彻深度对比看出，多增加一层金属盖板，弹体的侵彻深度继续减小，但是侵彻深度减少量很少。这说明增加金属板增大了对陶瓷的约束，可以进一步增加陶瓷板的抗弹性能，但是提高幅度并不大。

9 弹体贯穿陶瓷/金属复合装甲的数值模拟

陶瓷轻型装甲已在国防工程等诸多领域受到了广泛的应用。经验公式和分析模型能够非常简单地得到弹体撞击下陶瓷/金属复合装甲的弹道极限速度或弹体残余速度等物理量，但是不能描述撞击响应的过程。另外，陶瓷材料在弹体撞击下的破坏过程非常复杂，根据冲击速度大小、弹体、陶瓷板以及金属背板的几何尺寸和力学性能的不同，陶瓷/金属复合靶板的破坏模式也大不相同，要想清晰地了解陶瓷/金属复合装甲在弹体撞击下的响应和破坏，也需要借助于数值模拟的方法。

本章利用 LS-DYNA 有限元软件和第 7 章提出的陶瓷材料动态本构模型对弹丸贯穿陶瓷/金属复合装甲结构进行数值模拟。首先对平头弹撞击不同厚度 AD95/2024-T3 Al 复合装甲实验进行模拟，并将计算得到的弹体残余速度与实验数据进行对比。其次，对 20mm APDS 在 1250m/s 的速度下撞击 AD95/5083 复合装甲的实验进行了数值模拟，并将计算得到的弹体残余速度与实验数据进行对比，并研究了 AD95/5083 复合装甲总厚度保持不变的情况下，弹体残余速度随陶瓷/金属厚度比的变化。

9.1 平头弹贯穿 AD95 陶瓷/2024-T3 Al 复合装甲

9.1.1 有限元模型

在本节中，利用 LS-DYNA 有限元软件和第 7 章提出的陶瓷材料动态本构模型对平头弹贯穿 AD95 陶瓷/2024-T3 Al 复合装甲的实验[86]进行数值模拟。弹体材料为 4340 钢，弹径为 7.56mm，弹体长度为 30.54mm，速度为 493~1062m/s。陶瓷板为 100mm×100mm 的方板，黏结在 160mm×160mm 的 2024-T3 Al 板上。

因为平头弹正撞击陶瓷复合靶板，根据模型的对称性，弹-靶均采用四分之一模型。本章采用前处理软件 Truegrid 建立有限元模型。为了更有效地利用计算资源，本模型中在 X、Y 和 Z 方向上均采用过渡网格技术，在模型中心区域采用比较密的网格（0.4mm×0.4mm×0.4mm），在距离弹体较远处采用比较稀疏的网格。图 9-1 给出了平头弹贯穿 AD95/2024-T3 Al 复合装甲的有限元模型示意图。

陶瓷材料本构模型采用第 7 章中建立的陶瓷动态计算本构模型，表 9-1 给出了 AD95 陶瓷材料的本构参数值。

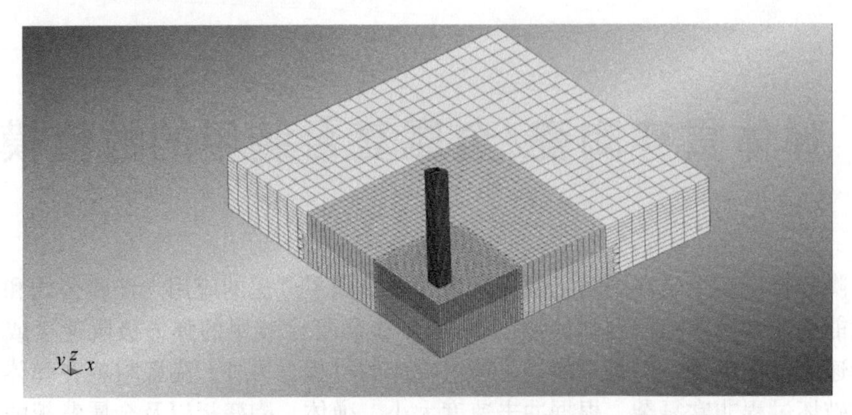

图 9-1　平头弹贯穿 AD95/2024-T3 Al 复合装甲的有限元模型示意图

表 9-1　　AD95 陶瓷材料的本构参数值

状态方程参数值					
K_1/GPa	K_2/GPa	K_3/GPa	ρ_c/kg · m^{-3}		
181.5	1207.9	−2991	3741		
本构参数值					
f'_c/GPa	f_t/GPa	B	G/GPa	F_m	W_x
3	0.3	1.4	120	3	3.8
W_y	S	λ_m	λ_s	l	r
2	1.25	0.3	7.5	0.8	0.3

弹体材料和金属背板材料采用 JC 本构模型描述，表 9-2 和表 9-3 中给出了 4340 钢和 2024-T3 Al 的材料参数值。

表 9-2　4340 钢的材料参数值

JC 本构参数值						
ρ_0/kg · m^{-3}	G/GPa	A_1/GPa	B_1/GPa	N_1	C_1	M_1
7770	77	0.95	0.725	0.375	0.015	0.625
D_1	D_2	D_3	D_4	D_5	T_m	T_r
−0.8	2.1	−0.5	0.002	0.610	1793	294
$\dot{\varepsilon}_0$	C_p/J · kg · K^{-1}					
1.0	477					
状态方程参数值						
C_s	S_1	S_2	S_3	γ_0	A_0	
4569	1.49	0	0	2.17	0.460	

表 9-3 2024-T3 Al 的材料参数值

JC 本构参数值						
ρ_p/kg · m^{-3}	G/GPa	A_1/GPa	B_1/GPa	N_1	C_1	M_1
2785	26.92	0.352	0.440	0.42	0.0083	1.0
D_1	D_2	D_3	D_4	D_5	T_m	T_r
0.13	0.13	-1.5	0.011	0	875	293
$\dot{\varepsilon}_0$	C_p/J · kg · K^{-1}					
1.0	874.9					
状态方程参数值						
C_s	S_1	S_2	S_3	γ_0	A_0	
5328	1.338	0	0	1.54	0.40	

9.1.2 结果与讨论

表 9-4 给出了 4340 钢弹体以不同速度撞击 AD95/2024-T3 Al 复合装甲的数值模拟计算结果与实验数据。表中 v_r(PM) 代表由第 7 章提出的陶瓷动态计算本构模型计算得到的弹体残余速度，v_r(JH-2) 代表由 JH-2 本构模型计算得到的弹体残余速度。图 9-2 对数值模拟计算结果与实验数据进行了更直观的对比。从表 9-4 和图 9-2 可以看出，利用第 7 章中提出的模型模拟得到的弹体残余速度与实验数据吻合较好，误差在±5%之内；Serjouei 等[86]利用 JH-2 本构模型计算得到的弹体残余速度与实验数据吻合也较好，误差在±10%之内。由图 9-2 还可以看出，整体上来讲，和 JH-2 模型计算得到的弹体残余速度相比，第 7 章提出的动态本构模型计算得到的弹体残余速度与实验数据吻合得更好。另外，这里需要指出的是，Serjouei 等[86]实验中用到的金属背板为 2024-T3 Al，但数值模拟中给出的是 5083 Al 材料参数，Serjouei 等数值模拟用到的参数有待考证。

表 9-4 模型预测与 4340 钢弹撞击 AD95/2024-T3 Al 实验结果比较

h_{c0}/mm	h_b/mm	v_0/m · s^{-1}	v_r(实验值) /m · s^{-1}	v_r(PM) /m · s^{-1}	v_r(JH-2) /m · s^{-1}
6.1	6	650	—	340	341
6.12	6	655	351	347	364
6.14	6.03	830	559	570	559
6.1	5.87	712	430	433	406
6.04	5.96	493	—	0	112
6.16	5.9	820	—	566	581
8.96	6	775	370	376	333
8.98	5.97	845	463	444	444
6.12	4.07	819	649	663	636

续表 9-4

h_{c0}/mm	h_b/mm	v_0/m · s^{-1}	v_r(实验值) /m · s^{-1}	v_r(PM) /m · s^{-1}	v_r(JH-2) /m · s^{-1}
6. 14	6. 88	860	580	565	601
6. 12	8. 25	834	532	535	539
9. 14	5. 91	948	605	604	580
9. 08	5. 94	982	—	642	637
9. 04	5. 87	1062	772	754	732

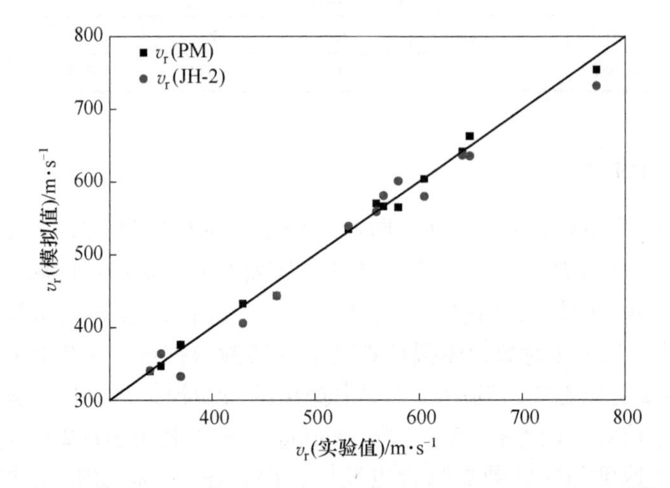

图 9-2　模型预测与 4340 钢弹体撞击 AD95/2024-T3 Al 实验结果[86]比较

图 9-3 给出了平头弹以 830m/s 的速度撞击 AD95/2024-T3 Al 复合装甲靶板的破坏形貌（剖面图），图中陶瓷板厚度为 6. 14mm，金属板厚度为 6. 03mm。从图 9-3 中可以看出，数值模拟成功地预测了平头弹贯穿陶瓷/金属复合装甲时陶瓷板中形成的锥形裂纹。

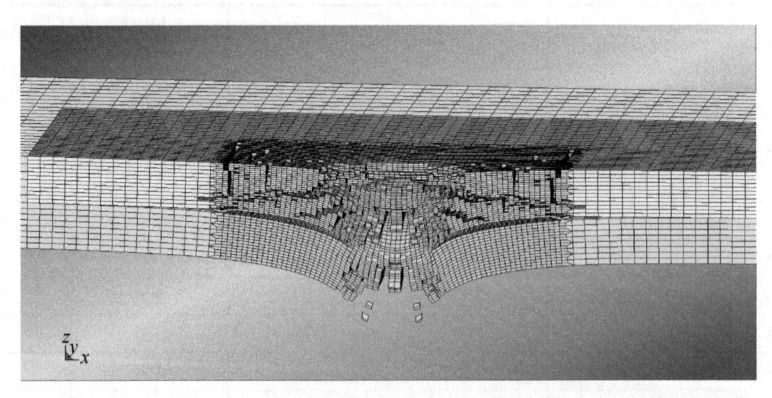

图 9-3　平头弹以 830m/s 的速度撞击 AD95/2024-T3 Al 复合装甲靶板的破坏形貌(剖面图)

9.2 APDS 贯穿 AD95/5083 Al 复合装甲

9.2.1 有限元模型

脱壳穿甲弹（APDS）是反装甲的主要弹种之一。Sanchez-Galvez[87] 开展了 20mm APDS 撞击 AD95/5083 Al 复合装甲的实验，研究了不同的陶瓷/金属厚度组合对弹体的残余速度的影响。在本节中，利用 LS-DYNA 有限元软件和第 7 章提出的陶瓷材料动态本构模型对该实验进行数值模拟。模型中弹体直径 12mm，长度 35.17mm，弹体撞击速度为 1250m/s。

因为平头弹正撞击陶瓷复合靶板，根据模型的对称性，弹-靶均采用四分之一模型。本章采用前处理软件 Truegrid 建立有限元模型。为了更有效地利用计算资源，本模型中在 X、Y 和 Z 方向上均采用过渡网格技术，在模型中心区域采用比较密的网格（0.4mm×0.4mm×0.4mm），在距离弹体较远处采用比较稀疏的网格。图 9-4 给出了 20mm APDS（12mm 弹芯）贯穿 AD95/5083 Al 复合装甲的有限元模型示意图。

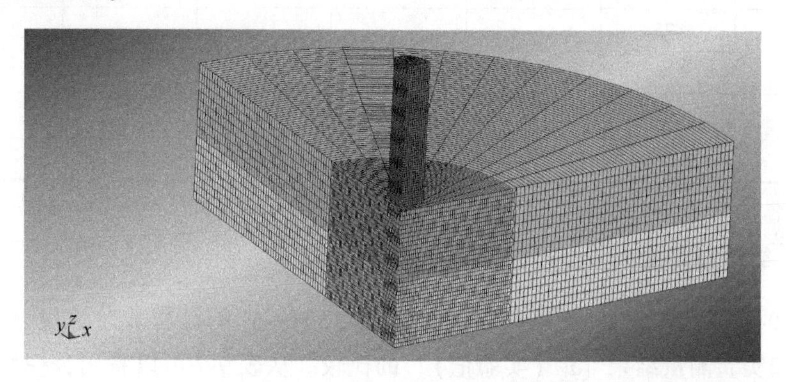

图 9-4　20mm APDS 贯穿 AD95/5083 Al 复合装甲的有限元模型示意图

陶瓷材料本构模型采用第 7 章中提出的陶瓷动态计算本构模型，参数值同表 9-1。表 9-5 和表 9-6 列出了钨合金弹体和 5083 Al 的材料参数值。

表 9-5　钨合金的材料参数值

JC 本构参数值						
ρ_0/kg · m^{-3}	G/GPa	A_1/GPa	B_1/GPa	N_1	C_1	M_1
17600	122	1.506	0.177	0.12	0.016	1.0
D_1	D_2	D_3	D_4	D_5	T_m	T_r
2.0	0	0	0	0	1723	300

续表 9-5

JC 本构参数值						
$\dot{\varepsilon}_0$	C_p/J · kg · K^{-1}					
1.0	134					
状态方程参数值						
C_s	S_1	S_2	S_3	γ_0	A_0	
4029	1.23	0	0	1.54	0.4	

表 9-6 5083 Al 的材料参数值

JC 本构参数值						
ρ_p/kg · m^{-3}	G/GPa	A_1/GPa	B_1/GPa	N_1	C_1	M_1
2785	26.92	0.167	0.596	0.551	0.001	0.859
D_1	D_2	D_3	D_4	D_5	T_m	T_r
0.0261	0.263	-0.349	0.14	16.8	893	293
$\dot{\varepsilon}_0$	C_p/J · kg · K^{-1}					
1.0	875					
状态方程参数值						
C_s	S_1	S_2	S_3	γ_0	A_0	
5328	1.338	0	0	1.54	0.40	

9.2.2 结果与讨论

表 9-7 中给出了 20mm APDS 撞击 AD95/5083 Al 的计算残余速度［v_r(模拟值)］和实验测量结果［v_r（实验值)］的比较。从表 9-7 可以看出，模型计算结果与实验误差都在±5%以内。

表 9-7 模型预测与 20mm APDS 撞击 AD95/5083 Al 实验结果[88]比较

h_{c0}/mm	h_b/mm	v_0/m · s^{-1}	v_r（实验值)/m · s^{-1}	v_r（模拟值)/m · s^{-1}
12	16	1250	1056	1042
18	16	1250	973	995
20	10	1250	990	1004
20	15	1250	954	957
25	12	1250	923	924
25	14	1250	918	896

表9-7给出了不同陶瓷/金属板组合结构下，实验得到的弹体的残余速度，但是通过表9-7无法看出其最佳防护组合。下面通过数值模拟的方法研究陶瓷/金属复合装甲总厚度一定的情况下，能够达到最大防护能力的陶瓷/金属厚度比。

图9-5给出了20mm APDS以1250m/s的速度撞击厚度为34mm的AD95/5083 Al复合装甲时，弹体残余速度与撞击速度的比值随陶瓷与金属板厚度比的变化趋势。从图9-5中可以看出，弹体残余速度与撞击速度的比值（v_r/v_0）随陶瓷与金属板厚度比（h_c/h_b）先减小再增大，由此可以说明随着AD95陶瓷在复合装甲中所占比例的增加，AD95/5083 Al复合装甲的抗弹性能先增加后减小，在拐点处抗弹性能达到最高。从图9-5中还可以看出，在拐点之前，弹体残余速度与撞击速度的比值下降得非常迅速，说明在拐点之前增加陶瓷板厚度能够有效地提高陶瓷/金属复合装甲的抗弹性能；在拐点之后，陶瓷/金属复合装甲抗弹性能降低的原因可能是背板相对较薄，对陶瓷板的支撑不足，导致在陶瓷板充分地消耗弹体的动能之前金属背板已经发生破坏。

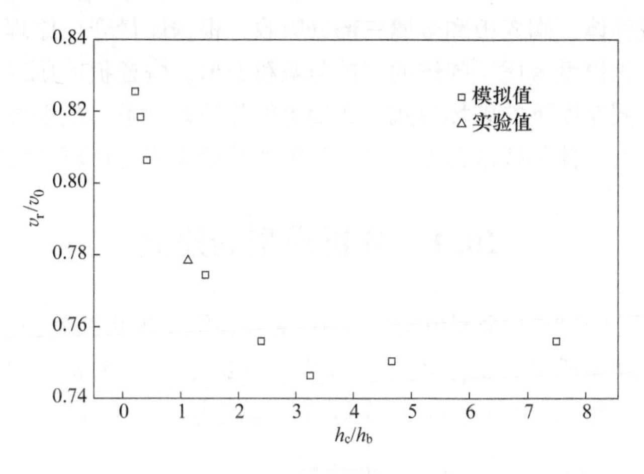

图9-5 弹体残余速度与撞击速度比值和AD95/5083 Al厚度比的关系

Hetherington[88]在Florence提出的模型基础上，给出了陶瓷复合装甲的最佳厚度比为$h_c/h_b=4\rho_c/\rho_b$，针对AD95/5083 Al复合装甲，最优厚度比大约是2.9。从图9-5可以看出，利用第7章建立的陶瓷动态本构模型计算得到的AD95/5083 Al最优厚度比$h_c/h_b\approx3.2$，与Hetherington得到的最优厚度比基本吻合。

10　弹体撞击陶瓷轻型装甲分析模型

理论分析方法是研究侵彻问题的重要手段，该方法通过对实验现象的分析做出合理的假设，进而建立简单的分析模型。模型参数一般由弹靶材料性质、几何尺寸和撞击初始条件确定。在陶瓷轻型装甲的研究中，目前建立的模型主要有 Florence[89]、Subramanian[90]、Den Reijer[91] 以及 Zaera 和 Sanchez-Galvez[92] 提出的模型。

本章在现有模型的基础上，结合实验观察，提出一种新的陶瓷复合装甲的理论分析模型。模型研究了弹丸贯穿陶瓷复合装甲的主要机制，假定在贯穿过程中弹丸的动能被弹体、陶瓷板和金属三部分吸收，根据能量守恒原理建立各部分能量耗散方程。该模型考虑了弹体的销蚀与墩粗变形，陶瓷板的压碎与剪切破坏以及金属板在不同厚度下的破坏模式。在给定的弹靶条件下，模型可以预测靶板的弹道极限速度及弹体的残余速度，并与相关实验结果进行比较和讨论。

10.1　分析模型的建立

图 10-1 给出了陶瓷/金属或陶瓷/FRP 复合装甲在平头弹丸撞击下的示意图。假定平头弹丸初始质量为 m_0，初始直径为 $d_0 = 2a_0$，密度为 ρ_p，弹丸初始速度为 v_0；陶瓷板厚度为 h_{c0}，密度为 ρ_c；金属背板厚度为 h_b，密度为 ρ_b。弹体以初始

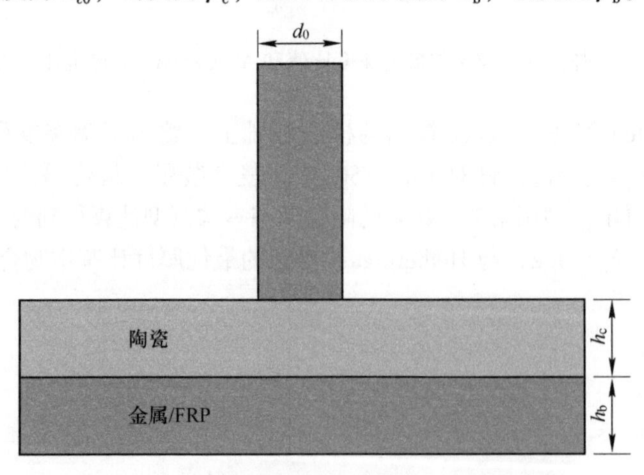

图 10-1　平头弹撞击陶瓷/金属复合装甲示意图

速度 v_0 撞击陶瓷复合装甲，弹体的动能可以表示为：

$$E_k = \frac{1}{2}m_p v_0^2 = \pi d_0^2 \rho_p l_0 v_0^2/8 \tag{10-1}$$

弹丸撞击陶瓷面板后，在弹靶交界处产生高压高温，并形成分别向弹体和靶体中传播的冲击波。当冲击波超过了弹体的屈服强度时，弹体变形并产生塑性流动。陶瓷面板在高压作用下发生碎裂，弹性前驱波传播到陶瓷背面时反射形成拉伸波，由于陶瓷的拉伸强度较小，所以在拉伸波的作用下破碎，剪切裂纹和拉伸裂纹不断扩展形成了破碎陶瓷锥。陶瓷锥体在弹丸的推动下作用在背板上，锥体在弹丸和背板的挤压下不断缩小，背板在锥体的推动下变形破坏。根据能量守恒原理，弹体的动能可以分为四个部分：

$$E_k = E_p + E_c + E_b + E_r \tag{10-2}$$

式中，E_k 为弹丸初始动能；E_p、E_c、E_b 和 E_r 分别为弹体耗能、陶瓷板耗能、背板耗能和弹体残余动能。

下面分别给出各部分耗能的计算方法。

10.1.1 弹体耗能

Wilkins 等[6]实验观察到，弹头撞击陶瓷板后，弹体头部首先发生变形，并产生塑性流动；在侵彻的过程中，弹体与陶瓷碎片相互作用，弹体材料不断销蚀。假设弹体镦粗后以弹径 $d_p = kd_0$ 贯穿陶瓷复合靶板，其中 k 为墩粗系数，弹体流动超出 d_p 的部分将发生销蚀。在侵彻过程中弹体销蚀总长度为 l_e，则弹体销蚀消耗的能量可以表示为：

$$E_p = Y_P A_0 l_e \tag{10-3}$$

式中，Y_p 为弹体动态屈服强度；A_0 为弹体截面面积（$A_0 = \pi a_0^2$）。

10.1.2 陶瓷板耗能

众所周知，陶瓷为脆性材料，在撞击时很快会形成碎裂陶瓷锥。Zaera 和 Sanchez-Galvez[92]从应力波传播和裂纹扩展的角度出发，认为陶瓷锥形成的时间是：

$$t_{conoid} = \frac{h_c}{u_{long}} + \frac{h_c}{v_{crack}} \tag{10-4}$$

式中，h_c 为陶瓷板厚度；u_{long}为陶瓷中纵波的波速；v_{crack}为裂纹扩展速度。

由实验研究发现，随着陶瓷板厚度的增加，形成陶瓷锥的时间是不同的，即随着陶瓷板厚度的增加，破坏机制会发生转变。通过实验分析，当陶瓷板较薄时，在弹体的作用下，陶瓷板内直接形成陶瓷锥如图 10-2（a）所示。此现象从力平衡的角度可以解释为陶瓷板厚度较薄时，陶瓷板能够承受的剪切力（以下称为剪切抗力）小于陶瓷正面压力；由断裂力学可知，材料会在能够承受应力较小的位置先发生开裂，因此陶瓷面板内直接形成陶瓷锥。随着陶瓷厚度的增大，剪切抗力增大；当剪切抗力大于陶瓷正面压力时，陶瓷板在弹体作用下首先发生压入（破碎），如图 10-2（b）所示。假设陶瓷破坏模式发生转变时的厚度为 h_{c0}，则发生剪切破坏的最大剪力 F_{cs} 可以表示为：

$$F_{cs} = \pi(d_p + h_c\tan\theta)h_{c0}/(\cos\theta\tau_s) \tag{10-5}$$

式中，τ_s 为陶瓷的剪切强度；θ 为陶瓷半锥角（semi-angle of ceramic conoid），如图 10-2（a）所示。

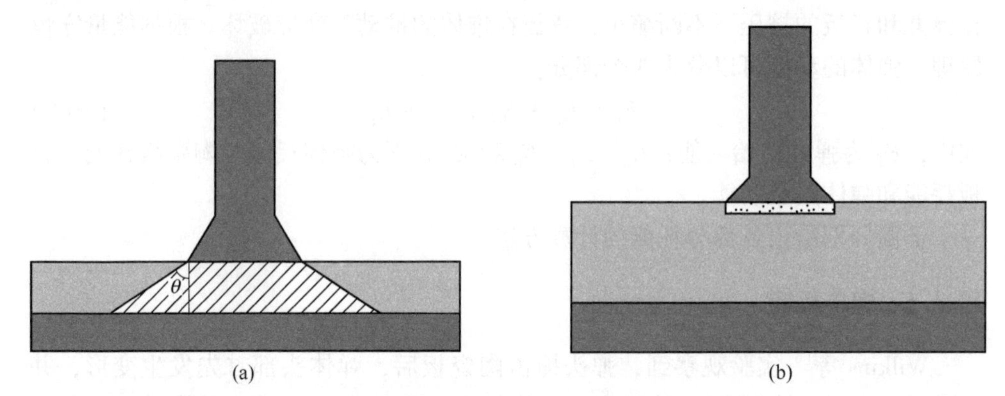

图 10-2　陶瓷板的破坏模式

（a）剪切模式；（b）压入模式

由文献［93-96］可知，弹体侵彻陶瓷介质的侵彻阻力 F_{cc} 由两部分组成：静阻力部分和由侵彻速度引起的动阻力部分。在杆弹准定常侵彻过程中，弹体速度和侵彻速度几乎保持不变。作为一阶近似，陶瓷受到的压力 F_{cc} 可表示为[97]：

$$F_{cc} = \pi a_p^2\left[\tau_s\left(\frac{3}{2}\pi + 1\right) + \beta_p\sqrt{2\rho_c\tau_s}\,u\sin\left(\frac{\pi}{4}\right)\right] \tag{10-6}$$

式中，$a_p = d_p/2$；u 为侵彻速度；β_p 为动阻力系数（当弹体为平头弹时，β_p 取 2.0）。

令 $F_{cc}=F_{cs}$，可以求出陶瓷临界厚度 h_c：

$$h_{c0} = \frac{-d_p + \sqrt{d_p^2 + 4F_{cc}\sin\theta}}{2\tan\theta} \tag{10-7}$$

式（10-7）的物理意义是：当陶瓷厚度 $h_c<h_{c0}$ 时，在陶瓷里首先形成陶瓷锥，陶瓷定义为薄陶瓷；当陶瓷厚度 $h_c>h_{c0}$ 时，陶瓷首先被压入，陶瓷定义为厚陶瓷。

对于薄陶瓷板，陶瓷内先形成陶瓷锥，随后在弹体侵彻过程中再被压碎。对于厚陶瓷靶，陶瓷首先被压入（破碎），压入到一定深度直至剩余厚度等于临界厚度后，陶瓷内开始形成陶瓷锥；随后在弹体侵彻过程中再被压碎。图 10-3 给出了陶瓷锥破坏模式示意图。

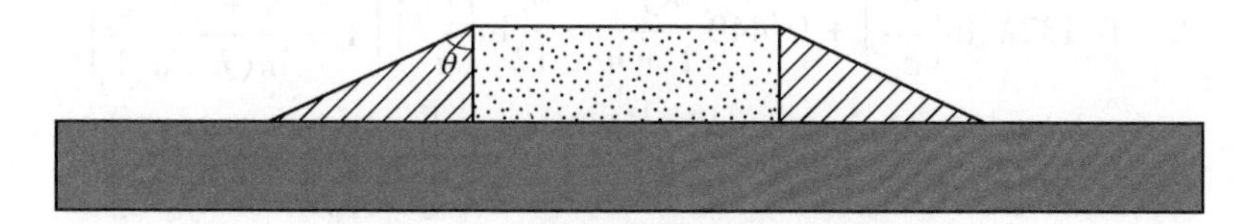

图 10-3 陶瓷锥破坏模式示意图

由以上分析可知，陶瓷板发生剪切破坏时吸收的能量可以表示为：

$$E_{cs}=\begin{cases}\pi\tau_s(d_p h_c^2/2+h_c^3\tan\theta/3)/(\cos\theta)^2 & (h_c\leqslant h_{c0})\\ \pi\tau_s(d_p h_{c0}^2/2+h_{c0}^3\tan\theta/3)/(\cos\theta)^2 & (h_c>h_{c0})\end{cases} \tag{10-8}$$

如图 10-3 所示，陶瓷锥已经完全破碎（粉碎），陶瓷破碎吸收的能量不仅包括压入阶段吸收的能量，而且包括陶瓷锥内的破碎吸收的能量，可以表示为：

$$E_{cc}=F_{cc}\cdot h_c=\pi\frac{d_p^2}{4}h_c\left[\tau_s\left(\frac{3}{2}\pi+1\right)+\beta_c\sqrt{2\rho_c\tau_s}\,u\sin\left(\frac{\pi}{4}\right)\right] \tag{10-9}$$

因此，陶瓷板吸收的能量主要包括剪切耗能和压碎耗能两部分，表示为：

$$E_c=E_{cs}+E_{cc} \tag{10-10}$$

10.1.3 背板耗能

背板通常由金属（如铝合金或钢）或纤维增强树脂基（Fiber Reinforced Polymer/Plastic，简称 FRP）复合材料组成，下面对这两种材料构成背板的破坏模式和其吸收的能量分别加以研究。弹体贯穿陶瓷后，剩余弹体的动能为：

$$E_{k2}=E_k-E_p-E_c \tag{10-11}$$

假定剩余弹体侵彻金属背板时不变形，即保持刚体状态。此时，作用在金属背板上的剩余弹丸速度为：

$$v_s=\sqrt{2E_{k2}/m_p} \tag{10-12}$$

式中，m_p 为弹体剩余质量。

由文献［98-99］可知，金属背板的破坏模式是与厚度相关的。当平头弹丸撞击薄金属板时，金属板不仅在撞击处发生剪切破坏，而且往往伴随有较大的整体变形，如图 10-4（a）所示。此时，金属板耗能可表示为[100]：

$$E_b=\sigma_y d_p^3\left\{1+\left[\frac{2W_{os}v_s}{3\sqrt{2}R_b a_p D\ln^2(a_p/R_b)}\right]^{1/q}\right\}\left[A\left(\frac{h_b}{d_p}\right)+B\left(\frac{h_b}{d_p}\right)^2+C\left(\frac{h_b}{d_p}\right)^3\right] \tag{10-13}$$

$$A=0.138\lambda^2\ln\left(\frac{R_b}{a_p}\right)$$

$$B = 0.27\lambda^2 \ln\left(\frac{R_b}{a_p}\right) + 0.451\frac{\lambda\gamma_c}{1+n}$$

$$C = 0.132\lambda^2 \ln\left(\frac{R_b}{a_p}\right) + 0.440\frac{\lambda\gamma_c}{1+n} - \frac{\pi}{12}\ln\left(\frac{R_b}{a_p}\right)\left[1 + \frac{1+\sqrt{3}/2}{\ln(R_b/a_p)}\right]^2$$

$$W_{os} = \frac{\lambda d_p}{2}\left[0.41\left(\frac{h_b}{d_p}\right) + 0.42\right]\ln\left(\frac{R_b}{a_p}\right) - \frac{1}{2\sqrt{3}}\left[\ln\left(\frac{R_b}{a_p}\right) + 1 + \frac{\sqrt{3}}{2}\right]h_b$$

式中，E_b 为金属靶板的穿透能量；W_{os} 为靶板发生破坏时的临界横向位移；R_b 为靶板的半径，$a_p = d_p/2$；λ 为常数，$\lambda = \sigma_u/\sigma_y$；$\gamma_c$ 为金属靶板的临界剪切应变；n 为加工硬化指数；D、q 为描述材料应变率敏感性的经验常数。

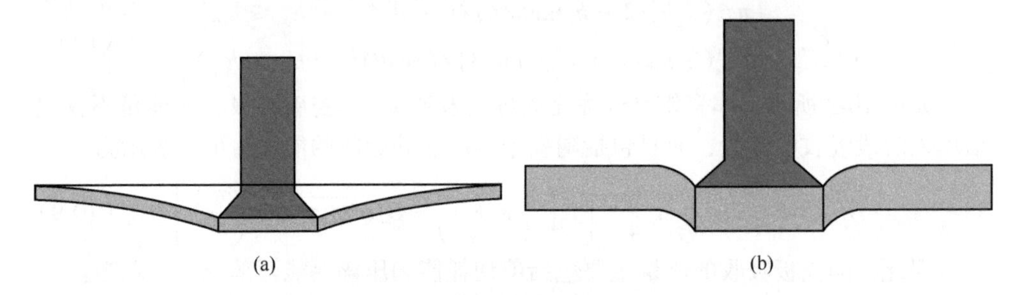

图 10-4　金属背板破坏模式示意图

（a）简单剪切破坏；（b）绝热剪切充塞

当平头弹丸撞击厚金属板时，金属板会发生绝热剪切破坏，如图 10-4（b）所示。此时，金属板耗能可表示为：

$$E_b = \frac{2\pi n\tau_0 a_b^2 h_b}{1-n}\int_0^{\gamma_f}\gamma^n\left[1 + \left(\frac{\dot{\gamma}_m}{D}\right)^{1/q}\right]\exp\left\{-\frac{\alpha\beta}{\rho_b C_v}\left[1 + \left(\frac{\dot{\gamma}_m}{D}\right)^{1/q}\right]\frac{\tau_0}{n+1}\gamma^{n+1}\right\}d\gamma + \frac{m_p m_b v_s^2}{2(m_p + m_b)} \tag{10-14}$$

式中，n 为剪切应变硬化指数；τ_0 为 $\gamma = 1$ 时的剪应力；γ_m 为平均应变率 $\dot{\gamma}_m = v_m(1-n)/(na_p)$，发生绝热剪切时的临界剪应变 $\gamma_f = h_b(1-n)/(nd_p)$；$\alpha$ 为热软化系数；C_v 为比热容；m_b 为塞块质量，$m_b = \pi a_p^2 \rho_b h_b$。

金属板薄板与厚板的临界值由文献［98］中给出，公式如下：

$$\left(\frac{h_b}{d_p}\right)_c = \frac{4n}{(1+\sqrt{3})(1-n)\gamma_c}\left\{\frac{n\rho_b C_v}{\tau_0\alpha\beta[1 + (\dot{\gamma}_m/D)^{1/q}]}\right\}^{1/(1+n)} \tag{10-15}$$

式（10-15）表明，当 $\left(\frac{h_b}{d_p}\right) < \left(\frac{h_b}{d_p}\right)_c$ 时，金属板为薄板；当 $\left(\frac{h_b}{d_p}\right) > \left(\frac{h_b}{d_p}\right)_c$ 时，金属板为厚板。

当陶瓷复合装甲以 FRP 作背板时，背板吸收的能量可以表示为[99]：

$$E_b = \pi d_p^2 h_b \sigma_e [1 + \beta(\rho_b/\sigma_e)^{1/2} v_s]/4 \tag{10-16}$$

式中，σ_e 为 FRP 厚度方向压缩线弹性极限；β 为经验常数（当弹体为平头弹时，β 取 2.0）。

弹体残余速度（v_r）可以用下面的方程求出：

$$v_r = \sqrt{(m_p v_s^2 - 2E_b)/(m_p + m_b)} \tag{10-17}$$

当 $v_r = 0$ 时，就可以得到弹道极限速度的近似值。

10.2　相关参数的确定与选择

弹体的销蚀长度 l_e 是计算弹体耗能的关键，同时也要依靠 l_e 来计算弹体的残余质量（m_p）。l_e 与弹体、靶体（陶瓷）几何尺寸，弹靶材料性能以及弹体速度等参数密切相关。在 Zaera 和 Sanchez-Galvez[101] 以及侯海量等[102] 实验结果的基础上，结合量纲分析方法，可以得到对 l_e 影响较大的因素：

$$l_e = f(v_0,\ Y_p,\ HEL,\ h_c,\ d_0,\ \rho_p) \tag{10-18}$$

或者写为

$$l_e/d_0 = f(h_c/d_0,\ v_0\sqrt{\rho_p}/\sqrt{Y_p},\ HEL/Y_p) \tag{10-19}$$

式中，HEL 为陶瓷板的 Hugoniot 弹性极限。

进一步分析发现，l_e/d_0 与式（10-18）中各量近似成线性关系，式（10-18）可写为：

$$l_e/d_0 = \xi(HEL v_0 h_c \sqrt{\rho_p/Y_p^3}/d_0) \tag{10-20}$$

通过实验收集的残余弹长数据拟合得到 $\xi = 0.06$。图 10-5 给出了式（10-20）与 Zaera 和 Sanchez-Galvez[92] 以及侯海量等[102] 实验结果的比较，可以看出两者有较好的一致性。

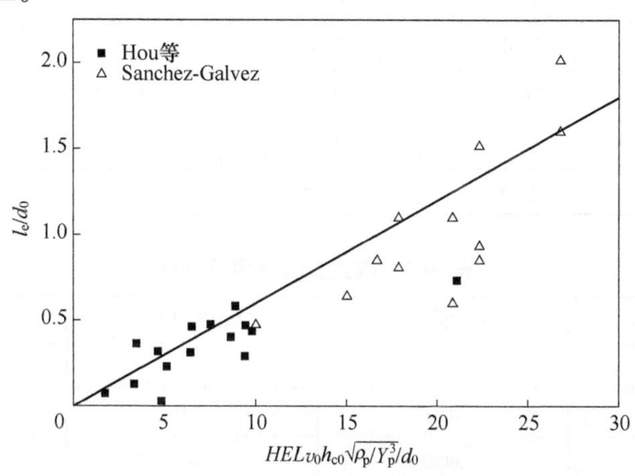

图 10-5　公式(5-20)计算结果与实验数据的比较

Naik 等[103]认为弹体墩粗系数 $k=1.25$，而 Serjouei 等[104]实验中观察到塞块直径为弹体直径 1.45～1.71 倍。因此，认为 k 值在 1.2～1.7 之间变化。Wen 等[105]通过理论分析表明，弹体墩粗半径随打击速度变化不大。进一步分析表明，墩粗半径与由真实失效应变（e_f）/断面紧缩率（δ）计算出的失效半径比较接近，因此在本模型中 k 值暂按断面紧缩率（δ）计算即 $k=e^{e_f/2}=(1-\delta)^{-1/2}$。

文献［106-107］分别测定了在准静态条件和撞击条件下，圆锥形破坏区域的顶角约为 127°；Wilkins[108]利用数值模拟方法得到相似的结果。Parameswaran 等[109]利用弹道实验发现，树脂玻璃内形成的锥形顶角为 130°，与准静态结果也是十分接近的。Fellows 和 Barton[110]由实验观察提出了一个与速度相关的公式：

$$\theta=\left(\frac{v_0-220}{780}\right)\frac{34\pi}{180}+\frac{34\pi}{180} \tag{10-21}$$

公式（10-21）表明，在撞击速度为 220～1000m/s 时陶瓷的半锥角在 34°～68° 线性变化，撞击速度大于 1000m/s 时，半锥角保持在 68°。本模型中也采用公式（10-21）描述陶瓷锥的角度。

弹体和陶瓷板的材料属性以及弹丸的初始撞击速度都会影响弹丸的侵彻速度 u。为了简化计算，假设弹丸侵彻陶瓷板时的速度保持为常数，可以写为 $u=k_2v_0$，k_2 根据经验确定，对于钨合金弹丸取 0.4、对于钢弹取 0.15。

本模型计算中用到的其他材料参数在表 10-1～表 10-3 中列出。一般认为铝合金材料对应变率不太敏感，在本模型计算中，描述铝合金材料应变率敏感性的经验常数取值 $D=1288000\text{s}^{-1}$，$q=4$。

表 10-1 弹体的材料参数值

参 数	Allegheny 609[112]	4340[86]	Tungsten Alloy[111]	45 号钢[102]
m_0/g	8.32	10.65	72	26.3
d_0/mm	7.62	7.56	12	14.8
ρ_p/kg · m^{-3}	7650	7770	18100	7800
Y_p/GPa	1.5	1.66	2.4	1.06
δ	0.35	0.35	0.56	0.4

表 10-2 陶瓷板的材料参数值

参 数	AD85[112]	AD95[112]	AD995[103-112]
HEL/GPa	6	7	7.5
τ_s/MPa	280	300	350
ρ_c/kg · m^{-3}	3400	3600	3900

表 10-3 金属板的材料参数值

参 数	2024-T3[113]	5083-H116[114]	6061-T6[113]	6082[115]
极限拉伸强度 σ_u/MPa	485	317	310	300
屈服强度 σ_y/MPa	345	228	276	260
绝热剪切系数 τ_0/MPa	440	280	245	240
绝热剪切硬化指数 n	0.16	0.2	0.13	0.2
热软化系数 α	0.00125	0.0019	0.00125	0.0019
比热容 C_V/J·(kg·℃)$^{-1}$	875	900	896	900
密度 ρ_b/kg·m^{-3}	2820	2660	2700	2660

10.3 与实验结果的比较和讨论

Zaera 和 Sanchez-Galvez[92] 开展了陶瓷/铝合金靶板抗 20mm APDS 撞击的实验研究，图 10-6 给出了模型预测的残余速度与文献中报道的部分实验结果的比较。弹芯材料为 Tungsten alloy（钨合金），弹径 12mm，打击速度为 1250m/s；陶瓷材料选用 AD995，铝合金背板材料型号有 5083-H116 和 6082 两种。四种靶为 20mm AD995+10mm 6082、20mm AD995+15mm 6082，25mm AD995+12mm 5083-H116、25mm AD995+15mm 5083-H116。图中横坐标代表靶板总厚度，纵坐标为残余速度与初始速度的比值。本模型用到的材料参数由表 10-1～表 10-3 中给出。为比较起见，Zaera 和 Sanchez-Galvez[92]、Woodward[116] 和 Feli 等[117] 提出的模型预测结果也放在图 10-6 中。

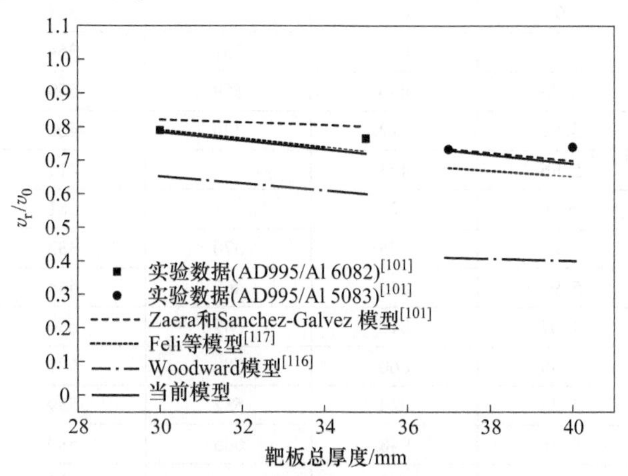

图 10-6 模型计算结果与实验数据的对比

从图 10-6 可以看出，Zaera 和 Sanchez-Galvez[92] 和 Feli 等[117] 提出的模型预测结果与实验数据一致性较差。Zaera 和 Sanchez-Galvez 提出的模型很好地预测了弹丸撞击 AD995/5083 Al 复合装甲的残余速度，但是对于 AD995/6082 Al 复合装甲而言预测结果高于实验数据；Feli 等提出的模型对 AD995/6082 Al 复合装甲的预测结果与实验数据吻合得较好，而对 AD995/5083 Al 复合装甲的残余速度的预测结果低于实验数据；Woodward 提出的模型对两种陶瓷复合装甲的残余速度的预测结果都比实验数据低。以上三种模型预测结果较差的原因，可能在于计算中对主要的能量耗散机制没有考虑全面，比如三种模型中都没有考虑形成陶瓷锥时的剪切耗能，Zaera 和 Sanchez-Galvez[92] 与 Woodward[116] 提出的模型也没有考虑弹体的墩粗变形。相比较而言，本章提出的模型保留了弹丸侵彻陶瓷复合装甲过程中的主要耗能部分，对两种陶瓷复合装甲弹道极限速度的预测结果与实验数据都吻合得较好。

Serjouei 等[86] 开展了平头弹撞击不同厚度陶瓷/铝合金靶板的实验研究。弹体材料为 4340 钢，弹径为 7. 56mm，弹体长度 30. 54mm。陶瓷复合靶板为 AD95/2024-T3 Al，陶瓷板为 100mm×100mm 的方板，黏结在 160mm×160mm 的铝板上，部分实验中残余速度没有测得。Serjouei 等[86] 应用 AUTODYN 对实验进行了数值模拟，数值模拟中采用两层半叠放，边界固定。陶瓷材料采用 JH-2 本构模型，用 JC 本构模型描述 2024-T3 Al 的行为，数值模拟结果列于表 10-4 中。从表 10-4 可以看出，本章提出的模型计算结果与实验数据、数值模拟结果都吻合较好。

表 10-4　模型预测与 4340 钢弹撞击 AD95/2024-T3 Al 实验结果[86] 比较

h_{c0}/mm	h_b/mm	v_0/m · s^{-1}	v_r（实验值）/m · s^{-1}	v_r（模拟值）/m · s^{-1}	v_r（计算值）/m · s^{-1}
6. 1	6	650	—	341	289
6. 12	6	655	351	364	297
6. 14	6. 03	830	559	559	550
6. 1	5. 87	712	430	406	393
6. 04	5. 96	493	—	112	0
6. 16	5. 9	820	—	581	540
8. 96	6	775	370	333	397
8. 98	5. 97	845	463	444	505
6. 12	4. 07	819	649	636	578
6. 14	6. 88	860	580	601	570
6. 12	8. 25	834	532	539	508
9. 14	5. 91	948	605	580	645
9. 08	5. 94	982	—	637	690
9. 04	5. 87	1062	772	732	794

Wilkins[7]实验研究了陶瓷板厚度对陶瓷复合装甲弹道极限速度的影响，实验表明弹道极限速度随着陶瓷板厚度的增加而提高。图 10-7 给出了平头弹撞击下，不同厚度的 AD85/6061-T6 和 AD995/6061-T6 的弹道极限速度结果，从图中可以看出，模型预测结果与实验数据吻合较好。实验中弹体材料采用 Allegheny 609 钢，弹径 7.62mm，质量 8.32g，陶瓷材料有 AD85 和 AD995 两种，背板为 6.35mm 厚的 6061-T6 铝合金，具体材料参数由表 10-1～表 10-3 中给出。对比 AD85/6061-T6 和 AD995/6061-T6 的弹道极限速度，可以看出陶瓷面板的强度对抗弹性能的影响，相同厚度下陶瓷材料强度越高，弹道极限速度越大。

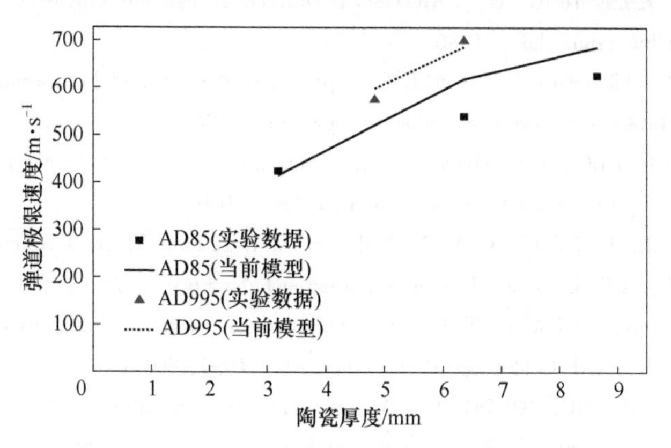

图 10-7 Wilkins 实验[7]与计算的结果对比图

本章建立的模型将弹体简化为平头圆柱，但某些实验中为了更接近实际弹头形貌，将实验弹体加工成尖头或者卵头，或者直接使用实际弹头撞击陶瓷复合装甲。对于这种弹体，在本模型中将其等效为平头弹计算，即在保持弹径不变的情况下，由弹体原质量和原密度计算出弹体等效长度，可写为：

$$l_p = \frac{4m_0}{\pi d_0^2 \rho_p} \tag{10-22}$$

式中，m_0 为弹体质量；d_0 为弹体直径。

参 考 文 献

[1] 刘立胜. 陶瓷金属梯度复合装甲材料抗冲击特性的理论研究 [M]. 武汉：武汉理工大学，2004.

[2] 张振英，戴芳. 复合材料在坦克装甲车辆上的应用 [J]. 塑料，2000，29（3）：38-42.

[3] ROZENBERG Z，YESHURUN Y. The relation between ballastic efficiency and compressive strength of ceramic tiles [J]. International Journal of Impact Engineering，1988，7（3）：357-362.

[4] YAZIV D，ROSENBERG G，PARTOM Y. Differential ballistic efficiency of applique armor [C] // 9th Int. Symp. Bal.，1986.

[5] WILKINS M，HONODEL C，SAWLE D. Approach to the study of light armor [R]. California University，Livermore. Lawrence Radiation Laboratory，1967.

[6] WILKINS M L，CLINE C F，HONODEL C A. Fourth progress report of light armor program [R]. California Univ，Livermore. Lawrence Radiation Lab，1969.

[7] WILKINS M L，HONODEL C A，LANDINGHAM R L. Fifth Progress Report of Light Armour Program [M]. UCRL-50980：Lawrence Radiation Laboratory，1971.

[8] JOHNSON G R，HOLMQUIST T J. An improved computational constitutive model for brittle materials [C] //AIP Conference Proceedings. AIP，1994，309（1）：981-984.

[9] JOHNSON G R，HOLMQUIST T J. A computational constitutive model for brittle materials subjected to large strains，high strain rates and high pressures [J]. Shock Wave and High-Strain-Rate Phenomena in Materials，1992：1075-1081.

[10] HOLMQUIST T J，JOHNSON G R，LOPATIN C M，et al. High strain rate properties and constitutive modeling of glass [R]. Sandia National Labs.，Albuquerque，NM（United States），1995.

[11] JOHNSON G R，HOLMQUIST T J. Response of boron carbide subjected to large strains，high strain rates，and high pressures [J]. Journal of Applied Physics，1999，85（12）：8060-8073.

[12] HOLMQUIST T J，TEMPLETON D W，BISHNOI K D. Constitutive modeling of aluminum nitride for large strain，high-strain rate，and high-pressure applications [J]. International Journal of Impact Engineering，2001，25（3）：211-231.

[13] HOLMQUIST T J，JOHNSON G R. Response of silicon carbide to high velocity impact [J]. Journal of Applied Physics，2002，91（9）：5858-5866.

[14] JOHNSON G R，HOLMQUIST T J，BEISSEL S R. Response of aluminum nitride（including a phase change）to large strains，high strain rates，and high pressures [J]. Journal of Applied Physics，2003，94（3）：1639-1646.

[15] HOLMQUIST T J，JOHNSON G R. A computational constitutive model for glass subjected to large strains，high strain rates and high pressures [J]. Journal of Applied Mechanics，2011，78（5）：051003.

[16] FAHRENTHOLD E P. A continuum damage model for fracture of brittle solids under dynamic loading [J]. Journal of Applied Mechanics，1991，58（4）：904-909.

[17] SIMHA C H M, BLESS S J, BEDFORD A. Computational modeling of the penetration response of a high-purity ceramic [J]. International Journal of Impact Engineering, 2002, 27 (1): 65-86.

[18] RAJENDRAN A M. High strain rate behavior of metals ceramics, and concrete [R]. DAYTON UNIV OH RESEARCH INST, 1992.

[19] GROVE D J, RAJENDRAN A M, BARON E, et al. Damage evolution in a ceramic rod [C] // Shock Compression of Condensed Matter 1991. 1992: 971-974.

[20] RAJENDRAN A M, GROVE D J. Impact behavior of AD85 ceramic [C] //Proceedings of 24th Int. SAMPE Tech. Conf. , 1992.

[21] RAJENDRAN A M. Modeling the impact behavior of AD85 ceramic under multiaxial loading [J]. International Journal of Impact Engineering, 1994, 15 (6): 749-768.

[22] RAJENDRAN A M, KROUPA J L. Impact damage model for ceramic materials [J]. Journal of Applied Physics, 1989, 66 (8): 3560-3565.

[23] RAVICHANDRAN G, SUBHASH G. A micromechanical model for high strain rate behavior of ceramics [J]. International Journal of Solids and Structures, 1995, 32 (17-18): 2627-2646.

[24] DENG H, NEMAT-NASSER S. Dynamic damage evolution in brittle solids [J]. Mechanics of Materials, 1992, 14 (2): 83-103.

[25] HORII H, NEMAT-NASSER S. Compression induced microcrack growth in brittle solids: Axial splitting and shear failure [J]. Journal of Geophysical Research: Solid Earth, 1985, 90 (B4): 3105-3125.

[26] NEMAT-NASSER S, DENG H. Strain-rate effect on brittle failure in compression [J]. Acta Metallurgica et Materialia, 1994, 42 (3): 1013-1024.

[27] NEMAT-NASSER S, HORII H. Compression induced nonplanar crack extension with application to splitting, exfoliation, and rockburst [J]. Journal of Geophysical Research: Solid Earth, 1982, 87 (B8): 6805-6821.

[28] NEMAT-NASSER S, OBATA M. A microcrack model of dilatancy in brittle materials [J]. Journal of Applied Mechanics, 1988, 55 (1): 24-35.

[29] SUBHASH G, NEMAT-NASSER S. Dynamic stress induced transformation and texture formation in uniaxial compression of zirconia ceramics [J]. Journal of the American Ceramic Society, 1993, 76 (1): 153-165.

[30] ASHBY M F, HALLAM S D. The failure of brittle solids containing small cracks under compressive stress states [J]. Acta Metallurgica, 1986, 34 (3): 497-510.

[31] ESPINOSA H D. On the dynamic shear resistance of ceramic composites and its dependence on applied multiaxial deformation [J]. International Journal of Solids and Structures, 1995, 32 (21): 3105-3128.

[32] ESPINOSA H D, XU Y, BRAR N S. Micromechanics of failure waves in glass: Ⅱ, modeling [J]. Journal of the American Ceramic Society-Including Communications of the Amer Ceramic Soc, 1997, 80 (8): 2074-2085.

[33] ESPINOSA H D, YUAN G, DWIVEDI S, et al. Numerical study of penetration in ceramic

targets with a multiple-plane model [C] //AIP Conference Proceedings. AIP, 1998, 429 (1): 901-904.

[34] ESPINOSA H D, BRAR N S. Dynamic failure mechanisms of ceramic bars: Experiments and numerical simulations [J]. Journal of the Mechanics and Physics of Solids, 1995, 43 (10): 1615-1638.

[35] BAZANT Z P. Mechanics of distributed cracking [J]. Applied Mechanics Reviews, 1986, 39 (5): 675-705.

[36] BAZANT Z P, OH B H. Microplane model for progressive fracture of concrete and rock [J]. Journal of Engineering Mechanics, 1985, 111 (4): 559-582.

[37] STEINBERG D J. Computer studies of the dynamic strength of ceramics [M]. Berlin: Shock Waves. Springer, 1992: 415-422.

[38] GRADY D E. The spall strength of condensed matter [J]. Journal of the Mechanics and Physics of Solids, 1988, 36 (3): 353-384.

[39] COCHRAN S, BANNER D. Spall studies in uranium [J]. Journal of Applied Physics, 1977, 48 (7): 2729-2737.

[40] XU H, WEN H M. A computational constitutive model for concrete subjected to dynamic loadings [J]. International Journal of Impact Engineering, 2016 (91): 116-125.

[41] BRIDGMAN P W. Linear Compressions to 30000 kg/cm^2, including Relatively Incompressible Substances [C] // Proceedings of the American Academy of Arts and Sciences. American Academy of Arts & Sciences, 1949, 77 (6): 189-234.

[42] HART H V, DRICKAMER H G. Effect of high pressure on the lattice parameters of Al_2O_3 [J]. The Journal of Chemical Physics, 1965, 43 (7): 2265-2266.

[43] SATO Y, AKIMOTO S. Hydrostatic compression of four corundum-type compounds: α-Al_2O_3, V_2O_3, Cr_2O_3, and α-Fe_2O_3 [J]. Journal of Applied Physics, 1979, 50 (8): 5285-5291.

[44] BASSETT W A, WEATHERS M S, WU T C, et al. Compressibility of SiC up to 68.4GPa [J]. Journal of Applied Physics, 1993, 74 (6): 3824-3826.

[45] ROSENBERG Z, BRAR N S, BLESS S J. Dynamic high-pressure properties of AlN ceramic as determined by flyer plate impact [J]. Journal of Applied Physics, 1991, 70 (1): 167-171.

[46] XIA Q, XIA H, RUOFF A L. Pressure induced rocksalt phase of aluminum nitride: A metastable structure at ambient condition [J]. Journal of Applied Physics, 1993, 73 (12): 8198-8200.

[47] UENO M, ONODERA A, SHIMOMURA O, et al. X-ray observation of the structural phase transition of aluminum nitride under high pressure [J]. Physical Review B, 1992, 45 (17): 10123.

[48] WILLIAM K J. Constitutive model for the triaxial behavior of concrete [J]. International Association for Bridge and Structural Engineering Proceeding, 1975, 19: 1-31.

[49] HARTMANN T, PIETZSCH A, GEBBEKEN N. A hydrocode material model for concrete [J]. International Journal of Protective Structures, 2010, 1 (4): 443-468.

[50] REID S R, WEN H M. Predicting penetration, cone cracking, scabbing and perforation of

reinforced concrete targets struck by flat-faced projectiles [R]. UMIST Report ME/AM/02.01/TE/G/018507/Z, 2001.

[51] WEERHEIJM J, DOORMAAL Van. Tensile failure of concrete at high loading rates: New test data on strength and fracture energy from instrumented spalling tests [J]. International Journal of Impact Engineering, 2007, 34 (3): 609-626.

[52] SUBHASH G, RAVICHANDRAN G. Mechanical behaviour of a hot pressed aluminum nitride under uniaxial compression [J]. Journal of Materials Science, 1998, 33 (7): 1933-1939.

[53] CHEN W, RAVICHANDRAN G. Static and dynamic compressive behavior of aluminum nitride under moderate confinement [J]. Journal of the American Ceramic Society, 1996, 79 (3): 579-584.

[54] LANKFORD J. Mechanisms Responsible for Strain Rate Dependent Compressive Strength in Ceramic Materials [J]. Journal of the American Ceramic Society, 1981, 64 (2): 33-34.

[55] LANKFORD J. High strain rate compression and plastic flow of ceramics [J]. Journal of Materials Science Letters, 1996, 15 (9): 745-750.

[56] PICKUP I M, BARKER A K. Damage kinetics in silicon carbide [C] //AIP Conference Proceedings. AIP, 1998, 429 (1): 513-516.

[57] WANG Z, LI P. Dynamic failure and fracture mechanism in alumina ceramics: Experimental observations and finite element modeling [J]. Ceramics International, 2015, 41 (10): 12763-12772.

[58] WANG H, RAMESH K T. Dynamic strength and fragmentation of hot-pressed silicon carbide under uniaxial compression [J]. Acta Materialia, 2004, 52 (2): 355-367.

[59] ZINSZNER J L, ERZAR B, FORQUIN P, et al. Dynamic fragmentation of an alumina ceramic subjected to shockless spalling: an experimental and numerical study [J]. Journal of the Mechanics and Physics of Solids, 2015 (85): 112-127.

[60] GÁLVEZ F, RODRÍGUEZ J, SÁNCHEZ V. Tensile strength measurements of ceramic materials at high rates of strain [J]. Le Journal de Physique Ⅳ, 1997, 7 (C3): 151-156.

[61] DIAZ-RUBIO F G, PEREZ J R, GALVEZ V S. The spalling of long bars as a reliable method of measuring the dynamic tensile strength of ceramics [J]. International Journal of Impact Engineering, 2002, 27 (2): 161-177.

[62] BELENKY A, RITTEL D. Static and dynamic flexural strength of 99.5% alumina: relation to porosity [J]. Mechanics of Materials, 2012 (48): 43-55.

[63] GRADY D E. Shock-wave compression of brittle solids [J]. Mechanics of Materials, 1998, 29 (3-4): 181-203.

[64] SHIH C J, MEYERS M A, NESTERENKO V F, et al. Damage evolution in dynamic deformation of silicon carbide [J]. Acta Materialia, 2000, 48 (9): 2399-2420.

[65] DAVIES E D H, HUNTER S C. The dynamic compression testing of solids by the method of the split Hopkinson pressure bar [J]. Journal of the Mechanics and Physics of Solids, 1963, 11 (3): 155-179.

[66] FIELD J E, WALLEY S M, PROUD W G, et al. Review of experimental techniques for high

rate deformation and shock studies [J]. International Journal of Impact Engineering, 2004, 30 (7): 725-775.

[67] YOUNG C, POWELL C N. Lateral inertia effect on rock failure in split-Hopkinson-bar experiments [C] //20th US Symposium on Rock Mechanics (USRMS). American Rock Mechanics Association, 1979.

[68] BISCHOFF P H, PERRY S H. Compressive behaviour of concrete at high strain rates [J]. Materials and Structures, 1991, 24 (6): 425-450.

[69] JANACH W. Role of bulking in brittle failure of rocks under rapid compression [J]. Int J Rock Mech Min, 1976, 13 (6): 177-186.

[70] GLENN L, JANACH W. Failure of granite cylinders under impact loading [J]. Int J Fracture, 1977, 13 (3): 301-317.

[71] DONZE F V, MAGNIER S A, DAUDEVILLE L, et al. Numerical study of compressive behavior of concrete at high strain rates [J]. J Eng Mech-Asce, 1999, 125 (10): 1154-1163.

[72] COTSOVOS D M, PAVLOVIC M N. Numerical investigation of concrete subjected to high rates of uniaxial tensile loading [J]. International Journal of Impact Engineering, 2008, 35 (5): 319-335.

[73] ZHANG M, WU H J, LI Q M, et al. Further investigation on the dynamic compressive strength enhancement of concrete-like materials based on split Hopkinson pressure bar tests. Part Ⅰ: Experiments [J]. International Journal of Impact Engineering, 2009, 36 (12): 1327-1334.

[74] LI Q M, MENG H. About the dynamic strength enhancement of concrete-like materials in a split Hopkinson pressure bar test [J]. Int J Solids Struct, 2003, 40 (2): 343-360.

[75] LI Q M, REID S R, WEN H M, et al. Local impact effects of hard missiles on concrete targets [J]. International Journal of Impact Engineering, 2005, 32 (1-4): 224-284.

[76] LI Q M, LU Y B, MENG H. Further investigation on the dynamic compressive strength enhancement of concrete-like materials based on split Hopkinson pressure bar tests. Part Ⅱ: Numerical simulations [J]. International Journal of Impact Engineering, 2009, 36 (12): 1335-1345.

[77] LU Y B, LI Q M. About the dynamic uniaxial tensile strength of concrete-like materials [J]. International Journal of Impact Engineering, 2011, 38 (4): 171-180.

[78] HAO Y, HAO H, LI Z X. Numerical analysis of lateral inertial confinement effects on impact test of concrete compressive material properties [J]. International Journal of Protective Structures, 2010, 1 (1): 145-167.

[79] ROSENBERG Z. On the relation between the Hugoniot elastic limit and the yield strength of brittle materials [J]. Journal of Applied Physics, 1993, 74 (1): 752-753.

[80] KAWAKITA M, KINOSHITA S. The dynamic fracture properties of rocks under confining pressure [J]. Memoirs of the Faculty of Engineering, Hokkaido University, 1981, 15 (4): 467-478.

[81] XU S, HUANG J, WANG P, et al. Investigation of rock material under combined compression and shear dynamic loading: an experimental technique [J]. International Journal of Impact

Engineering, 2015 (86): 206-222.

[82] BAILLY P, DELVARE F, VIAL J, et al. Dynamic behavior of an aggregate material at simultaneous high pressure and strain rate: SHPB triaxial tests [J]. International Journal of Impact Engineering, 2011, 38 (2-3): 73-84.

[83] REAUGH J E, HOLT A C, WELKINS M L, et al. Impact studies of five ceramic materials and pyrex [J]. International Journal of Impact Engineering, 1999, 23 (1): 771-782.

[84] JOHNSON G R. A constitutive model and data for metals subjected to large strains, high strain rates and high temperatures [C] //Proceedings of the 7th International Symposium on Ballistics, The Hague, Netherlands, 1983.

[85] ANDERSON JR C E, ROYAL-TIMMONS S A. Ballistic performance of confined 99.5%-Al_2O_3 ceramic tiles [J]. International Journal of Impact Engineering, 1997, 19 (8): 703-713.

[86] SERJOUEI A, CHI R, ZHANG Z, et al. Experimental validation of BLV model on bi-layer ceramic-metal armor [J]. International Journal of Impact Engineering, 2015 (77): 30-41.

[87] SANCHEZ-GALVEZ V. Impact behavior of lightweight armors [C] //Proceedings of International Conference on Structures under Shock and Impact, 1996: 91-102.

[88] HETHERINGTON J G. The optimization of two component composite armor [J]. International Journal of Impact Engineering, 1992, 12 (3): 409-414.

[89] FLORENCE A L. Interaction of projectiles and composite, part Ⅱ [M]. California: Standard Research Institute Menlo Park Calif., 1969.

[90] SUBRAMANIAN R, BLESS S J. Penetration of semi-infinite AD995 alumina targets by tungsten long rod penetrators from 1.5 to 3.5km/s [J]. International Journal of Impact Engineering, 1995, 17 (4-6): 807-816.

[91] DEN REIJER P C. Impact on ceramic faced armor [D]. Delft University of Technology, 1991.

[92] ZAERA R, SANCHEZ-GALVEZ V. Analytical modelling of normal and oblique ballistic impact on ceramic/metal lightweight armors [J]. International Journal of Impact Engineering, 1998, 21 (3): 133-148.

[93] LAN B, WEN H M. Alekseevskii-Tate revisited: An extension to the modified hydrodynamic theory of long rod penetration [J]. Science China Technological Sciences, 2010, 53 (5): 1364-1373.

[94] WEN H M, LAN B. Analytical models for the penetration of semi-infinite targets by rigid, deformable and erosive long rods [J]. Acta Mechanica Sinica, 2010, 26 (4): 573-583.

[95] WEN H M, HE Y, LAN B. A combined numerical and theoretical study on the penetration of a jacketed rod into semi-infinite targets [J]. International Journal of Impact Engineering, 2011, 38 (12): 1001-1010.

[96] HE Y, WEN H M. Predicting the penetration of long rods into semi-infinite metallic targets [J]. Science China Technological Sciences, 2013, 56 (11): 2814-2820.

[97] 咸玉席, 文鹤鸣. 平头弹侵彻半无限混凝土靶的工程模型 [J]. 防护工程, 2012, 34 (2): 35-38.

[98] WEN H M, SUN W H. Transition of plugging failure modes for ductile metal plates under impact

by flat-nosed projectiles [J]. Mechanics Based Design of Structures and Machines, 2010, 38 (1): 86-104.

[99] WU Q G, WEN H M, QIN Y, et al. Perforation of FRP laminates under impact by flat-nosed projectiles [J]. Composites Part B: Engineering, 2012, 43 (2): 221-227.

[100] WEN H M, JONES N. Low-velocity perforation of punch-impact-loaded metal plates [J]. Journal of Pressure Vessel Technology, 1996, 118 (2): 181-187.

[101] ZAERA R, SANCHEZ-GALVEZ V. Analytical model of ballistic impact on ceramic/metal light weight armours [C] //Proc 16h Int. Symp. on Ballistics, San Francisco, 1996.

[102] 侯海量, 朱锡, 李伟. 轻型陶瓷/金属复合装甲抗弹机理研究 [J]. 兵工学报, 2013, 34 (1): 105-114.

[103] NAIK N K, KUMAR S, RATNAVEER D, et al. An energy-based model for ballistic impact analysis of ceramic-composite armors [J]. International Journal of Damage Mechanics, 2013, 22 (2): 145-187.

[104] SERJOUEI A, CHI R, ZHANG Z, et al. Experimental validation of BLV model on bi-layer ceramic-metal armor [J]. International Journal of Impact Engineering, 2015, (77): 30-41.

[105] WEN H M, HE Y, LAN B. Analytical model for cratering of semi-infinite metallic targets by long rod penetrators [J]. Science China Technological Sciences, 2010, 53 (12): 3189-3196.

[106] FLORENCE A L, AHRENS T J. Interaction of projectiles and composite armor [R]. STANFORD RESEARCH INST MENLO PARK CA, 1967.

[107] LAWN B R. On the theory of Hertzian fracture [J]. Proc. R. Soc. Lond. A, 1967, 299 (1458): 291-306.

[108] WILKINS M L. Computer simulation of penetration phenomena [M]. Methods and Phenomena, 1980.

[109] PARAMESWARAN V, BENTLEY W, SHUKLA A, et al. A new approach for improving ballistic performance of composite armor [J]. Experimental Mechanics, 1999, 39 (2): 103-110.

[110] FELLOWS N A, BARTON P C. Development of impact model for ceramic-faced semi-infinite armour [J]. International Journal of Impact Engineering, 1999, 22 (8): 793-811.

[111] BENLOULO I S C, SANCHEZ-GALVEZ V. A new analytical model to simulate impact onto ceramic/composite armors [J]. International Journal of Impact Engineering, 1998, 21 (6): 461-471.

[112] HOLMQUIST T J, TEMPLETON D W, BISHNOI K D. A ceramic armor material database [R]. Tacom Research Development and Engineering Center Warren Mi, 1999.

[113] ABOTULA S, CHALIVENDRA V B. An experimental and numerical investigation of the static and dynamic constitutive behavior of aluminum alloys [J]. The Journal of Strain Analysis for Engineering Design, 2010, 45 (8): 555-565.

[114] CLAUSEN A H, BØRVIK T, HOPPERSTAD O S, et al. Flow and fracture characteristics of aluminium alloy AA5083-H116 as function of strain rate, temperature and triaxiality [J]. Materials Science and Engineering: A, 2004, 364 (1): 260-272.

[115] WANG Y J, QIAN H L, FAN F. Experimental study on stress-strain relationship and mechanical properties of aluminum alloy 6082-T6 [J]. Engineering Mechanics, 2013, 30: 309-319.

[116] WOODWARD R L. A simple one-dimensional approach to modeling ceramic composite armor defeat [J]. International Journal of Impact Engineering, 1990, 9 (4): 455-474.

[117] FELI S, AALEAGHA M E A, AHMADI Z. A new analytical model of normal penetration of projectiles into the light-weight ceramic-metal targets [J]. International Journal of Impact Engineering, 2010, 37 (5): 561-567.